Mina Kumari
Pooja Vats

A matemática desvendada: Da beleza à utilidade

Mina Kumari
Pooja Vats

A matemática desvendada: Da beleza à utilidade

ScienciaScripts

Imprint

Any brand names and product names mentioned in this book are subject to trademark, brand or patent protection and are trademarks or registered trademarks of their respective holders. The use of brand names, product names, common names, trade names, product descriptions etc. even without a particular marking in this work is in no way to be construed to mean that such names may be regarded as unrestricted in respect of trademark and brand protection legislation and could thus be used by anyone.

Cover image: www.ingimage.com

This book is a translation from the original published under ISBN 978-620-7-46196-7.

Publisher:
Sciencia Scripts
is a trademark of
Dodo Books Indian Ocean Ltd. and OmniScriptum S.R.L publishing group

120 High Road, East Finchley, London, N2 9ED, United Kingdom
Str. Armeneasca 28/1, office 1, Chisinau MD-2012, Republic of Moldova, Europe
Printed at: see last page
ISBN: 978-620-7-73370-5

Conteúdo

Prefácio

Bem-vindo a uma fascinante expedição ao mundo da matemática! Este livro é um guia conciso que o convida a explorar a beleza e a utilidade dos conceitos matemáticos - desde os princípios fundamentais até às aplicações no mundo real. Ao embarcarmos nesta viagem matemática, percorreremos paisagens históricas, navegaremos por conceitos fundamentais e mergulharemos em diversos ramos da matemática. Quer seja um estudante a embarcar na sua aventura matemática ou um entusiasta à procura de conhecimentos mais profundos, este livro pretende ser o seu companheiro, desvendando a elegância e o significado do pensamento matemático. Que a exploração de números, geometrias, cálculo, álgebra linear, estatística, criptografia e muito mais inspire curiosidade e apreço pelas possibilidades ilimitadas que a matemática oferece? Então, que comece a expedição e que estas páginas o guiem através das maravilhas do reino da matemática!

Título: "A matemática desvendada: Da beleza à utilidade"

Capítulo 1: Introdução à beleza e utilidade da matemática

1.1 A Natureza da Matemática: Explorando a essência inerente

No capítulo inicial, embarcamos numa exploração profunda da natureza da matemática, com o objetivo de desvendar a essência que faz dela uma linguagem universal e uma disciplina intemporal.

Aspectos abstractos e concretos:

Na sua essência, a matemática possui uma natureza dual, entre o abstrato e o concreto. No domínio abstrato, a matemática funciona como um sistema lógico imaculado, onde conceitos como números, funções e formas geométricas existem independentemente da realidade física. Esta abstração permite aos matemáticos descobrir verdades e princípios fundamentais que transcendem as fronteiras culturais e históricas.

Por outro lado, os aspectos concretos da matemática manifestam-se nas suas aplicações - fazendo a ponte entre a teoria e o mundo tangível. Através de modelos e equações matemáticas, ganhamos o poder de descrever, prever e compreender fenómenos do mundo real. Quer seja a trajetória de um projétil, o fluxo dos mercados financeiros ou a otimização de projectos de engenharia, a matemática fornece um conjunto de ferramentas para navegar nas complexidades da nossa realidade física.

Língua universal:

A matemática representa uma linguagem universal, permitindo a comunicação e a compreensão entre diversas culturas e disciplinas. Através de símbolos, equações e teoremas, os matemáticos transmitem ideias com uma clareza que transcende as barreiras linguísticas e culturais. Esta universalidade reforça a natureza colaborativa da matemática, onde as descobertas feitas num canto do mundo podem ressoar e contribuir para avanços a nível global.

Rigor lógico e criatividade:

A natureza da matemática é caracterizada por um equilíbrio delicado entre o rigor lógico e a exploração criativa. Enquanto as provas matemáticas exigem precisão e adesão às regras da lógica, o processo de descoberta envolve frequentemente intuição, criatividade e vontade de explorar territórios desconhecidos. Esta interação entre estrutura e inovação acrescenta uma camada de riqueza à disciplina, convidando os profissionais a envolverem-se tanto no raciocínio analítico como no pensamento imaginativo.

Considerações filosóficas:

Ao mergulharmos na natureza da matemática, deparamo-nos com questões filosóficas profundas. A matemática existe independentemente do pensamento humano, à espera de ser descoberta, ou é uma criação da mente humana? Esta exploração aborda a filosofia da matemática, convidando os leitores a refletir sobre a natureza dos objectos matemáticos e a sua existência num reino abstrato e platónico.

Ao desvendar a natureza da matemática, este capítulo serve de porta de entrada para a beleza e a profundidade que se encontram no domínio da matemática. Prepara o terreno para uma viagem que desvendará os meandros das dimensões teóricas e práticas desta disciplina intemporal, demonstrando como a Matemática continua a ser uma exploração cativante tanto do conhecido como do desconhecido.

1.2 **Panorama histórico: Navegando na tapeçaria do progresso matemático**

Este capítulo embarca numa viagem cativante através dos anais da história da humanidade, traçando o desenvolvimento da matemática desde os seus humildes inícios até ao seu estatuto atual como pilar fundamental do conhecimento.

Civilizações antigas:

Começamos a nossa odisseia histórica explorando os feitos matemáticos das civilizações antigas. Desde a utilização prática da geometria na construção pelos egípcios até à sofisticada compreensão dos sistemas numéricos pelos babilónios, estas primeiras contribuições matemáticas lançaram as bases para a formalização dos princípios matemáticos.

Matemática grega:

Aventurando-nos na Grécia antiga, mergulhamos na revolução intelectual que ocorreu com figuras como Pitágoras, Euclides e Arquimedes. Os gregos elevaram a matemática de uma ferramenta prática a uma disciplina abstrata e sistemática. A geometria euclidiana, o teorema de Pitágoras e os princípios de Arquimedes tornaram-se pilares duradouros do pensamento matemático.

Idade de Ouro Islâmica:

A viagem histórica faz um desvio através da Idade de Ouro islâmica, onde os estudiosos preservaram e alargaram os conhecimentos matemáticos das civilizações antigas. A álgebra, os algoritmos e os avanços na trigonometria floresceram sob as contribuições académicas de matemáticos como Al-Khwarizmi e Omar Khayyam.

Renascimento e Revolução Científica:

Passando ao Renascimento e à Revolução Científica, assistimos ao ressurgimento do interesse pela investigação matemática. Visionários como Johannes Kepler, Galileu Galilei e Isaac Newton utilizaram a matemática como uma ferramenta poderosa para descrever o mundo natural, marcando uma era transformadora na história da ciência.

O nascimento da matemática moderna:

Os séculos XIX e XX assistiram a avanços sem precedentes na formalização e abstração da matemática. Desde os fundamentos rigorosos lançados por matemáticos como Karl Weierstrass até às teorias revolucionárias de figuras como Georg Cantor e David Hilbert, a matemática evoluiu para uma disciplina com bases lógicas profundas.

Era computacional e mais além:

O século XX trouxe a era da computação, em que os matemáticos e os cientistas informáticos colaboraram para resolver problemas complexos. O advento dos computadores não só acelerou os cálculos matemáticos, como também abriu novos caminhos para a exploração em áreas como a análise numérica e a criptografia.

Paisagem contemporânea:

Atualmente, a matemática é um domínio dinâmico e em constante evolução, com diversos ramos e ligações interdisciplinares. Desde o desenvolvimento da álgebra abstrata até à exploração da teoria do caos, a panorâmica histórica prepara o terreno para compreender como a matemática continua a moldar e a ser moldada pela nossa compreensão do mundo em evolução.

Esta viagem histórica não só ilumina os marcos e as descobertas, como também destaca os contextos culturais, sociais e filosóficos que influenciaram a trajetória do desenvolvimento matemático. É um testemunho da resistência e universalidade das ideias matemáticas ao longo dos tempos.

1.3 **A beleza e a utilidade da matemática: Uma interação harmoniosa**

Este capítulo explora a dupla natureza da matemática, aprofundando a sua beleza inerente e a sua utilidade prática. Procura desvendar o fascínio estético que os matemáticos encontram no mundo abstrato dos teoremas e das provas, ao mesmo tempo que realça o papel indispensável que a matemática desempenha na resolução de problemas do mundo real.

Beleza intrínseca:

A matemática é frequentemente descrita como uma arte sublime, possuindo uma beleza intrínseca que transcende o mundano. Esta secção explora a elegância encontrada nas estruturas matemáticas, as simetrias inerentes às equações e o apelo estético das provas. Desde a elegância da fórmula de Euler até à simplicidade e beleza do teorema de Pitágoras, os leitores são apresentados ao fascínio cativante que os matemáticos encontram na beleza abstrata da sua disciplina.

Utilidade prática:

Simultaneamente, o capítulo enfatiza o lado pragmático da matemática - a ferramenta que fornece para resolver problemas em vários domínios. Quer se trate de física, engenharia, economia ou biologia, a matemática serve como uma linguagem poderosa para descrever, modelar e resolver desafios do mundo real. A utilidade da matemática é demonstrada através das suas aplicações em diversos domínios, revelando o seu papel fundamental nos avanços tecnológicos e nas descobertas científicas.

Harmonia entre beleza e utilidade:

O capítulo tece uma narrativa que harmoniza as dimensões estética e prática da matemática, ilustrando que a busca da beleza e a procura da utilidade não têm de ser mutuamente exclusivas. Os matemáticos não são apenas movidos pela elegância das estruturas abstractas, mas também pelo desejo de aplicar os seus conhecimentos para melhorar e inovar o mundo que os rodeia.

Ligações interdisciplinares:

Para além disso, o capítulo explora as ligações interdisciplinares que surgem quando a beleza e a utilidade convergem. A matemática torna-se uma ponte entre campos aparentemente díspares, permitindo que as ideias de um domínio enriqueçam e informem outro. A elegância de um conceito matemático pode encontrar aplicação na física, e um problema prático na economia pode levar ao desenvolvimento de novas teorias matemáticas.

Significado educativo:

É sublinhada a importância educativa de compreender a beleza e a utilidade da matemática. Ao apreciarem a elegância das estruturas matemáticas, os alunos podem desenvolver uma ligação mais profunda com a disciplina, fomentando um sentido de curiosidade e admiração. Simultaneamente, o reconhecimento das aplicações práticas da matemática reforça a sua relevância e incentiva os alunos a encará-la como uma ferramenta valiosa no seu conjunto de ferramentas intelectuais.

Ao navegar pela beleza e utilidade da matemática, este capítulo serve de ponte entre o abstrato e o concreto, convidando os leitores a apreciar a profunda interligação destas duas facetas. Prepara o terreno para a exploração subsequente dos conceitos matemáticos, demonstrando que a busca do conhecimento matemático não só é intelectualmente enriquecedora como também está intrinsecamente ligada aos desafios do mundo em que vivemos.

1.4 Estrutura do livro: Um roteiro pelos domínios da matemática

Nesta secção, a estrutura do livro é delineada, fornecendo aos leitores um roteiro claro dos próximos capítulos e dos diversos domínios matemáticos que irão explorar. A estrutura dos capítulos foi concebida para conduzir os leitores através de uma viagem sistemática e cativante, construindo progressivamente a sua compreensão dos conceitos matemáticos.

Visão geral dos capítulos:

A estrutura dos capítulos é apresentada, oferecendo um vislumbre da progressão temática do livro. Os leitores são apresentados às diversas áreas da matemática que irão encontrar, desde conceitos fundamentais como números e álgebra até tópicos avançados como cálculo, álgebra linear e estatística.

Organização temática:

Os capítulos estão organizados tematicamente, permitindo aos leitores aprofundar ramos específicos da matemática. Esta abordagem temática facilita uma exploração mais profunda de cada tópico, construindo uma compreensão abrangente antes de passar para a área seguinte. A progressão foi concebida para ser lógica, com cada capítulo a basear-se nos conceitos introduzidos nas secções anteriores.

Integração da teoria e da aplicação:

A estrutura enfatiza a integração de princípios teóricos com aplicações práticas. Os leitores não só adquirem uma compreensão teórica dos conceitos matemáticos, mas também testemunham como estas ideias encontram aplicações no mundo real. Esta dupla ênfase na teoria e na aplicação tem como objetivo mostrar a versatilidade e a relevância do conhecimento matemático.

Interligação dos capítulos:

Os capítulos foram concebidos para mostrar a natureza interligada dos conceitos matemáticos. Embora cada capítulo se concentre numa área específica, existem ligações e referências intencionais a tópicos anteriores e futuros. Esta abordagem reforça a ideia de que a matemática é uma disciplina unificada e que os diferentes ramos se informam e enriquecem mutuamente.

Progressão escolar:

A estrutura do livro tem em conta uma progressão educativa, assegurando que os conceitos são introduzidos numa ordem lógica. Os conceitos fundamentais são apresentados em primeiro lugar, fornecendo uma base sólida para a exploração de tópicos mais avançados. Esta progressão educativa foi concebida para atender a leitores com diferentes níveis de conhecimentos matemáticos, tornando o livro acessível tanto a principiantes como a pessoas com conhecimentos mais avançados.

Elementos de aprendizagem interactiva:

O livro incorpora elementos de aprendizagem interactiva, tais como exemplos, exercícios e aplicações, para aumentar o envolvimento e a compreensão do leitor. Estes elementos estão estrategicamente colocados ao longo dos capítulos para reforçar conceitos-chave, incentivar o pensamento crítico e proporcionar oportunidades de aplicação prática.

Exploração do contexto histórico:

A estrutura reconhece a importância do contexto histórico, integrando sínteses históricas nos capítulos relevantes. Esta inclusão melhora a narrativa, fornecendo informações sobre o desenvolvimento das ideias matemáticas e os ambientes culturais e intelectuais em que surgiram.

Ao fornecer uma visão detalhada da estrutura do livro, esta secção pretende guiar os leitores numa viagem coerente e enriquecedora através da paisagem multifacetada da matemática. Prepara o terreno para uma exploração sistemática dos domínios matemáticos, assegurando que os leitores possam navegar nas complexidades da disciplina com clareza e curiosidade.

Capítulo 2: Fundamentos do pensamento matemático

2.1 Números e sistemas numéricos: Fundamentos do pensamento matemático

Este capítulo serve de porta de entrada para o mundo da matemática, introduzindo os leitores aos conceitos fundamentais dos números e aos diversos sistemas numéricos que estão na base do pensamento matemático.

Introdução aos números:

O capítulo começa por explorar o conceito de número, lançando as bases para a compreensão das suas propriedades e relações. Dos números naturais aos números inteiros, os leitores são introduzidos aos blocos de construção essenciais da linguagem matemática. A abstração dos números como entidades com características distintas prepara o terreno para conceitos matemáticos mais avançados.

Sistemas numéricos:

Ao aprofundar a diversidade dos sistemas numéricos, o capítulo apresenta aos leitores as várias representações numéricas. Estas incluem os números racionais, que englobam as fracções, e a extensão aos números reais, incorporando tanto os números racionais como os irracionais. O conceito de números complexos também é abordado, abrindo caminho para estruturas matemáticas mais avançadas.

Propriedades dos números:

Os leitores são guiados através das propriedades dos números, incluindo conceitos como a comutatividade, associatividade e distributividade. A compreensão destas propriedades fundamentais estabelece as bases para operações e conceitos matemáticos mais avançados introduzidos nos capítulos seguintes.

Sistemas decimais e binários:

O capítulo explora diferentes representações numéricas, com destaque para o sistema decimal, normalmente utilizado no quotidiano. Além disso, uma introdução ao sistema binário fornece uma visão da base fundamental da ciência da computação e da tecnologia digital, mostrando a versatilidade dos sistemas numéricos em várias disciplinas.

Perspectivas históricas:

A exploração dos números e dos sistemas numéricos inclui um vislumbre do seu desenvolvimento histórico. Os leitores apreciam a forma como diferentes culturas e civilizações contribuíram para a evolução dos conceitos numéricos, preparando o terreno para a paisagem matemática em que navegamos atualmente.

Aplicações práticas:

O capítulo conclui ilustrando as aplicações práticas dos números e dos sistemas numéricos em situações do quotidiano. Desde a medição de quantidades até à representação de dados, a omnipresença dos conceitos numéricos em diversos domínios realça a relevância prática das ideias fundamentais introduzidas neste capítulo.

Através de um equilíbrio entre compreensão teórica, contexto histórico e aplicações práticas, o capítulo sobre Números e Sistemas Numéricos estabelece as bases para os leitores embarcarem numa viagem a domínios matemáticos mais avançados. É uma base fundamental para o desenvolvimento do pensamento matemático e fornece uma introdução abrangente à linguagem da matemática.

2.2 Operações aritméticas básicas: O fundamento da aritmética

Este capítulo é uma exploração prática das operações aritméticas fundamentais que constituem a pedra angular do raciocínio matemático e da resolução de problemas. Os leitores são guiados através das operações essenciais - adição, subtração, multiplicação e divisão - e das suas aplicações.

Adição:

O capítulo começa com uma exploração exaustiva da adição, aprofundando o conceito intuitivo de combinação de quantidades. Os leitores deparam-se com as propriedades associativas e comutativas da adição, adquirindo conhecimentos sobre a forma como estas propriedades sustentam estruturas matemáticas mais complexas.

Subtração:

Com base na adição, a subtração é introduzida como a operação inversa. O capítulo esclarece o papel da subtração na comparação de quantidades e na determinação da diferença entre números. Exemplos práticos ilustram como a subtração é utilizada em vários cenários do mundo real.

Multiplicação:

A exploração da multiplicação vai para além da adição repetida, mostrando o seu significado em cenários de escala e modelação que envolvem grupos de itens. A propriedade distributiva é realçada, proporcionando aos leitores uma compreensão mais profunda das relações entre a adição e a multiplicação.

Divisão:

O conceito de divisão é introduzido como o inverso da multiplicação. Através de exemplos práticos, os leitores aprendem a interpretar a divisão como o processo de partilha ou agrupamento de quantidades. O capítulo também aborda o papel dos restos e introduz o conceito de fracções, abrindo caminho para ideias matemáticas mais avançadas.

Ordem de operações:

Uma componente crucial da aritmética básica é a ordem das operações. Os leitores são guiados através das convenções que ditam a sequência em que as operações são efectuadas. Compreender a ordem das operações é fundamental para resolver expressões matemáticas com exatidão.

Aplicações práticas:

O capítulo enfatiza as aplicações no mundo real das operações aritméticas básicas. Desde cálculos orçamentais e financeiros a medições e cálculos científicos, os leitores adquirem uma apreciação prática da forma como a aritmética está integrada nas tarefas quotidianas.

Estratégias de resolução de problemas:

Ao longo do capítulo, a ênfase é colocada nas estratégias de resolução de problemas. Os leitores são encorajados a aplicar sistematicamente as operações aritméticas para resolver uma variedade de problemas, promovendo o pensamento crítico e as capacidades de raciocínio matemático.

Significado educativo:

Este capítulo reconhece a importância educativa do domínio da aritmética básica. Uma base sólida nestas operações é essencial para lidar com conceitos matemáticos mais complexos introduzidos nos capítulos seguintes. A abordagem prática garante que os leitores não só compreendem as operações concetualmente, como também as podem aplicar com confiança.

Ao fornecer uma exploração abrangente das operações aritméticas básicas, este capítulo equipa os leitores com as competências fundamentais necessárias para a proficiência matemática. Prepara o terreno para um mergulho mais profundo em conceitos matemáticos mais avançados, ao mesmo tempo que enfatiza os aspectos práticos e de resolução de problemas da aritmética na vida quotidiana.

2.3 Expressões e equações algébricas: Desvendando padrões matemáticos

Este capítulo marca a transição da aritmética básica para o domínio da álgebra, apresentando aos leitores o poder dos símbolos, variáveis e equações como ferramentas para expressar e resolver relações matemáticas.

Expressões algébricas:

O capítulo começa com uma exploração de expressões algébricas, realçando a utilização de variáveis para representar quantidades desconhecidas. Os leitores aprendem a traduzir situações do mundo real em linguagem algébrica, adquirindo a capacidade de manipular expressões através da adição, subtração, multiplicação e divisão.

Termos e coeficientes:

Nas expressões algébricas, é introduzido o conceito de termos e coeficientes. Os leitores compreendem como os termos se combinam para formar expressões, e os coeficientes representam o fator de escala de cada termo. Isto estabelece as bases para as expressões polinomiais, que serão exploradas em capítulos posteriores.

Equações e desigualdades:

Partindo das expressões algébricas, o capítulo avança para as equações e inequações algébricas. Os leitores são introduzidos à ideia de encontrar soluções para equações, compreendendo que uma equação representa um equilíbrio entre duas expressões. O conceito de inequações alarga a compreensão a situações em que as quantidades não são necessariamente iguais.

Resolver equações:

O aspeto prático da resolução de equações algébricas é enfatizado, fornecendo aos leitores métodos sistemáticos para isolar variáveis e determinar soluções. Técnicas como a combinação de termos semelhantes, a aplicação de operações inversas e a utilização da propriedade distributiva são introduzidas e aplicadas a vários tipos de equações.

Aplicações da Álgebra:

O capítulo mostra as amplas aplicações da álgebra na modelação de situações do mundo real. Desde problemas geométricos a cenários de velocidade-tempo-distância, os leitores testemunham como as expressões e equações algébricas servem como ferramentas poderosas para a resolução de problemas em diversos domínios.

Representações gráficas:

O conceito de gráfico é introduzido como uma representação visual de relações algébricas. Os leitores exploram o plano cartesiano, traçando pontos e representando graficamente equações lineares. Esta abordagem visual melhora a compreensão e oferece uma perspetiva alternativa das relações matemáticas.

Significado educativo:

Reconhecendo o significado educativo, o capítulo fornece um trampolim para os leitores fazerem a transição da aritmética para um pensamento algébrico mais abstrato. A introdução sistemática de variáveis, expressões e equações prepara os leitores para as complexidades das estruturas algébricas nos capítulos seguintes.

Ao navegar através de expressões e equações algébricas, este capítulo equipa os leitores com uma linguagem matemática versátil para descrever relações e resolver problemas. As aplicações práticas e a ênfase nas estratégias de resolução de problemas preparam o terreno para uma exploração mais profunda dos conceitos algébricos no percurso matemático em evolução.

2.4 Indução matemática: Desvendando a certeza matemática

Este capítulo apresenta aos leitores a poderosa técnica de prova conhecida como indução matemática, um método que estabelece a verdade de um número infinito de afirmações provando o caso base e demonstrando um efeito dominó de implicações.

Princípio da indução matemática:

O capítulo começa com uma elucidação do princípio da indução matemática, realçando a sua natureza recursiva. Os leitores compreendem a ideia de que se uma afirmação é verdadeira para um ponto de partida (caso base) e se pode demonstrar que se propaga para o caso seguinte, estende-se logicamente a todos os casos subsequentes, criando uma cadeia de certezas matemáticas.

Caso de base e etapa indutiva:

O conceito de caso base é destacado como o ponto de partida para o processo de indução. Os leitores compreendem a necessidade de provar que a afirmação é válida para este caso inicial. O passo indutivo é então introduzido, ilustrando como a suposição de verdade para um caso particular leva à conclusão de que a afirmação é verdadeira para o caso seguinte.

Aplicações em somas e factoriais:

O capítulo explora aplicações práticas da indução matemática, em particular na prova de afirmações relacionadas com somas e factoriais. Os leitores testemunham como a indução é uma ferramenta poderosa para estabelecer a validade de fórmulas matemáticas que se estendem infinitamente.

Indução matemática forte:

É introduzida uma extensão do princípio, a indução matemática forte. Este método permite a assunção da verdade para todos os casos anteriores no passo indutivo, proporcionando um âmbito mais alargado para a prova de afirmações. As diferenças entre a indução regular e a indução forte são clarificadas, demonstrando as suas aplicações complementares.

Significado educativo:

O capítulo realça o significado educativo da indução matemática, destacando o seu papel no desenvolvimento de técnicas de prova rigorosas. À medida que os leitores se envolvem com provas que envolvem indução, melhoram as suas capacidades de raciocínio lógico e adquirem uma apreciação mais profunda da elegância e certeza inerentes aos argumentos matemáticos.

Contexto histórico:

Inclui uma breve exploração do contexto histórico da indução matemática, fornecendo aos leitores uma visão das suas origens e dos matemáticos que contribuíram para o seu desenvolvimento. Compreender a evolução histórica das técnicas de prova aumenta a apreciação dos fundamentos intelectuais da indução matemática.

Ao guiar os leitores através dos princípios e aplicações da indução matemática, este capítulo fornece-lhes uma ferramenta poderosa para provar afirmações que se estendem infinitamente. A ênfase no raciocínio lógico e a exploração do contexto histórico contribuem para uma compreensão holística da indução matemática como um elemento fundamental do pensamento matemático.

2.5 Teoria dos conjuntos e lógica: Fundamentos do raciocínio matemático

Este capítulo apresenta aos leitores dois pilares fundamentais da matemática - a teoria dos conjuntos e a lógica. Tanto a teoria dos conjuntos como a lógica desempenham um papel fundamental no estabelecimento das bases do raciocínio matemático, fornecendo um enquadramento rigoroso para os argumentos e estruturas matemáticas.

Teoria dos conjuntos:

O capítulo começa com uma exploração da teoria dos conjuntos, que é o estudo de colecções de objectos. Os leitores são apresentados aos conceitos básicos de conjuntos, elementos e à notação utilizada para os representar. Os princípios das operações de conjuntos, incluindo união, intersecção e complemento, são elucidados. O conceito de subconjuntos e a estrutura matemática dos conjuntos de potências lançam as bases para ideias mais avançadas de teoria dos conjuntos.

Relações e funções:

Com base na teoria dos conjuntos, o capítulo aborda as relações e as funções. Os leitores compreendem como as relações definem ligações entre elementos de conjuntos e as funções representam tipos especiais de relações. São introduzidos conceitos como funções injectivas, sobrejectivas e bijectivas, que permitem compreender melhor como os conjuntos interagem e se relacionam entre si.

Lógica em Matemática:

O segundo grande tema do capítulo é a lógica, o estudo do raciocínio e da argumentação. Os leitores são introduzidos à lógica proposicional, que trata das proposições e dos seus conectivos lógicos. A utilização de tabelas de verdade e equivalências lógicas fornece uma abordagem sistemática para compreender a estrutura lógica das afirmações.

Lógica de predicados e quantificadores:

O capítulo alarga a exploração da lógica à lógica de predicados, que permite a expressão de enunciados matemáticos mais complexos. Os quantificadores, incluindo o quantificador universal ($\ast$) e o quantificador existencial (E), são introduzidos. Os leitores adquirem proficiência na tradução de ideias matemáticas em afirmações lógicas precisas.

Provas e raciocínio matemático:

Um aspeto essencial da teoria dos conjuntos e da lógica é o seu papel na construção e compreensão de provas matemáticas. O capítulo ilustra a forma como estas ferramentas contribuem para o desenvolvimento de um raciocínio matemático rigoroso. Os leitores são guiados através do processo de construção de provas utilizando a teoria dos conjuntos e a lógica, fomentando as capacidades de raciocínio lógico.

Aplicações em Matemática:

O capítulo sublinha as aplicações práticas da teoria dos conjuntos e da lógica em vários ramos da matemática. Desde os conceitos fundamentais em análise e álgebra até ao seu papel nas ciências da computação e na inteligência artificial, os leitores testemunham a omnipresença da teoria dos conjuntos e da lógica na exploração matemática e na resolução de problemas.

Significado educativo:

Dando ênfase ao significado educativo, o capítulo posiciona a teoria dos conjuntos e a lógica como componentes essenciais da literacia matemática. O desenvolvimento de competências de raciocínio lógico, associado a uma compreensão das estruturas da teoria dos conjuntos, proporciona aos leitores uma base sólida para o estudo avançado da matemática.

Ao navegar pela teoria dos conjuntos e pela lógica, este capítulo capacita os leitores com as ferramentas necessárias para um raciocínio matemático preciso. A exploração destes conceitos fundamentais lança as bases para um estudo matemático mais aprofundado e estabelece uma ponte entre as estruturas abstractas e os quadros lógicos essenciais para a construção de argumentos matemáticos rigorosos.

Capítulo 3: Explorações geométricas e trigonométricas

3.1 Geometria Euclidiana: Desvendando os princípios do espaço

Esta secção inicia uma viagem pelo domínio clássico da Geometria Euclidiana, um ramo da matemática que moldou a nossa compreensão do espaço, das formas e das suas relações inerentes.

Postulados básicos:

- **Princípios Fundamentais:** Introduzir os leitores aos postulados e axiomas fundamentais que servem de base à Geometria Euclidiana. Estes princípios, tais como a existência de uma linha reta entre dois pontos e o conceito de linhas paralelas, estabelecem a base lógica para o raciocínio geométrico.

Construções geométricas:

- **Elegância na construção: Explorar** a arte das construções geométricas utilizando apenas uma régua e um compasso. Ilustrar os passos para construir figuras geométricas fundamentais, realçando a simplicidade e a beleza inerentes à criação de formas como círculos, quadrados e triângulos equiláteros.

Provas Geométricas:

- **Dedução lógica:** Enfatizar a beleza e a elegância das provas geométricas. Acompanhar os leitores no processo de construção de argumentos lógicos baseados no raciocínio dedutivo, revelando as verdades inerentes às relações geométricas. Os exemplos podem incluir provas do teorema de Pitágoras ou a soma dos ângulos num triângulo.

Contexto histórico:

- **Fundamentos antigos:** Fornecer um contexto histórico, aprofundando as origens da Geometria Euclidiana na Grécia antiga. Destacar as contribuições de matemáticos como Euclides, cujos "Elementos" lançaram as bases para a exploração geométrica sistemática.

Aplicações modernas:

- **Relevância atual:** Demonstrar a relevância duradoura da Geometria Euclidiana na matemática moderna e na vida quotidiana. Apresentar aplicações em áreas como a arquitetura, o design e a computação gráfica, ilustrando como estes princípios clássicos continuam a influenciar as práticas contemporâneas.

Ao explorar a Geometria Euclidiana nesta secção, os leitores adquirem não só uma compreensão teórica dos princípios geométricos, mas também uma apreciação da elegância e simplicidade que caracterizam este ramo fundamental da matemática. O foco em postulados, construções e provas prepara o terreno para um mergulho mais profundo em conceitos geométricos mais avançados e suas aplicações.

3.2 Geometrias não-euclidianas: Desafiando as normas espaciais

Esta secção apresenta aos leitores o mundo intrigante das geometrias não-euclidianas, um desvio dos princípios clássicos de Euclides que revolucionou a nossa compreensão do espaço e da geometria.

Desafiar as tradições:

- **Mudança concetual:** Revelar o afastamento radical dos princípios euclidianos, desafiando os pressupostos tradicionais sobre a natureza do espaço. Salientar como os matemáticos ousaram questionar e ir além da estrutura euclidiana familiar.

Geometrias hiperbólicas e elípticas:

- **Realidades Geométricas Alternativas:** Introduzir os dois tipos principais de geometrias não euclidianas: hiperbólica e elíptica. Ilustrar como estas geometrias divergem das normas euclidianas, revelando estruturas matemáticas alternativas com propriedades únicas.

Geometria hiperbólica:

- **Linhas Paralelas Divergem: Explorar** a geometria hiperbólica, onde o conceito de linhas paralelas toma um rumo inesperado. Ao contrário da geometria euclidiana, o espaço hiperbólico permite que as linhas paralelas divirjam, abrindo uma realidade espacial nova e contra-intuitiva.

Geometria Elíptica:

- **Linhas Paralelas Convergem:** Aprofundar a geometria elíptica, onde ocorre o contrário - as rectas paralelas convergem. Contrastar esta situação com as configurações euclidiana e hiperbólica, realçando as propriedades distintivas do espaço elíptico e o seu afastamento das normas geométricas clássicas.

Implicações práticas:

• **Geometria numa Superfície Curva:** Ilustrar como as geometrias não-euclidianas encontram aplicações práticas na compreensão de superfícies curvas, como a geometria das esferas. Salientar como estas estruturas geométricas alternativas fornecem conhecimentos valiosos para além dærestrições do espaço euclidiano plano.

Contexto histórico:

• **Mentes pioneiras:** Fornecer contexto histórico apresentando os principais matemáticos que contribuíram para o desenvolvimento de geometrias não-euclidianas, incluindo figuras como Gauss, Bolyai e Lobachevsky. Explorar a forma como estes pioneiros da matemática desafiaram pressupostos seculares.

Significado contemporâneo:

• **Aplicações modernas:** Mostrar o significado contemporâneo das geometrias não-euclidianas em domínios como a física, a astronomia e a cosmologia. Ilustrar como estas geometrias alternativas desempenham um papel crucial na compreensão da estrutura do universo, tanto à escala cósmica como microscópica.

Esta secção convida os leitores a explorar a rebelião intelectual contra as normas euclidianas, revelando paisagens geométricas alternativas. Ao compreender as geometrias hiperbólica e elíptica, os leitores adquirem uma perspetiva mais ampla sobre a natureza do espaço e reconhecem o profundo impacto destas estruturas não tradicionais tanto na matemática teórica como nas aplicações práticas.

3.3 Geometria Analítica: Fazendo a ponte entre a Álgebra e a Geometria

Esta secção apresenta aos leitores a poderosa disciplina matemática da geometria analítica, que serve de ponte entre as expressões algébricas e as formas geométricas.

Aproximar a Álgebra e a Geometria:

• **Sistema de coordenadas:** Introduzir o sistema de coordenadas cartesianas, em que os pontos num plano são representados por pares ordenados. Estabelecer a ligação entre equações algébricas e formas geométricas através da atribuição de coordenadas a pontos.

Representação algébrica de formas geométricas:

- **Equações e curvas:** Ilustrar como as formas geométricas, como rectas e curvas, podem ser representadas algebricamente através de equações. Explorar equações lineares para rectas e equações quadráticas para secções cónicas, fornecendo exemplos concretos desta correspondência algébrica-geométrica.

Transformações e simetria:

- **Translação e rotação:** Explorar o modo como a geometria analítica permite a representação de transformações, como a translação e a rotação, em termos matemáticos. Destacar a simetria inerente às expressões algébricas que correspondem a formas geométricas simétricas.

Aplicações em duas e três dimensões:

- **Geometria 2D e 3D:** Alargar a geometria analítica a três dimensões, introduzindo o conceito de sistemas de coordenadas tridimensionais. Ilustrar como as equações podem representar não só formas geométricas planas no plano, mas também figuras espaciais no espaço tridimensional.

Fórmulas de distância e ponto médio:

- **Métrica em Geometria:** Apresentar a fórmula da distância e a fórmula do ponto médio, que quantificam conceitos geométricos como a distância entre pontos e o ponto médio de um segmento de reta. Salientar como estas fórmulas fornecem uma base quantitativa para as relações geométricas.

Secções cónicas e mais além:

- **Foco nas cónicas:** Aprofundar o estudo das secções cónicas - círculos, elipses, hipérboles e parábolas - e demonstrar como cada tipo pode ser representado através da geometria analítica. Explorar o significado geométrico dos parâmetros em equações cónicas.

Aplicações em Física e Engenharia:

- **Relevância para o mundo real:** Mostrar as aplicações práticas da geometria analítica na física e na engenharia. Ilustrar como os modelos matemáticos, expressos através de equações, são utilizados para descrever e analisar fenómenos do mundo real, desde o movimento de projécteis até à conceção de estruturas.

Significado educativo:

• **Desenvolvimento de competências analíticas:** Salientar o significado educativo da geometria analítica no desenvolvimento de competências de pensamento analítico. Mostrar como a capacidade de traduzir problemas geométricos em termos algébricos e vice-versa aumenta a proficiência na resolução de problemas.

Ao navegar pela geometria analítica, os leitores adquirem uma compreensão abrangente da relação simbiótica entre a álgebra e a geometria. A secção prepara os leitores para uma exploração mais profunda da modelação matemática, fornecendo um conjunto de ferramentas versátil para expressar e resolver problemas em duas e três dimensões.

3.4 Funções e Identidades Trigonométricas: Navegando por ângulos e relações

Esta secção apresenta aos leitores o fascinante mundo da trigonometria, explorando funções e identidades fundamentais que desempenham um papel crucial na compreensão e resolução de problemas que envolvem ângulos e distâncias.

Funções Trigonométricas Fundamentais:

• **Seno, Cosseno, Tangente:** Introduzir as principais funções trigonométricas - seno, cosseno e tangente - definindo-as no contexto de triângulos rectos. Enfatizar suas relações com os lados dos triângulos e o círculo unitário, fornecendo uma interpretação geométrica dessas funções.

Razões trigonométricas:

• **Relações em triângulos rectos:** Explorar como as razões trigonométricas (seno, cosseno, tangente) exprimem relações entre os ângulos e os lados de triângulos rectos. Ilustrar como estas razões são úteis para calcular ângulos e comprimentos de lados desconhecidos.

Círculo unitário e funções trigonométricas:

• **Interpretação Geométrica:** Introduzir o círculo unitário como uma ferramenta poderosa para compreender as funções trigonométricas. Demonstrar como os ângulos no círculo unitário correspondem a valores de seno e cosseno, fornecendo uma perspetiva alternativa sobre estas funções.

Identidades Trigonométricas:

- **Relações algébricas:** Explorar as identidades trigonométricas, apresentando relações algébricas que ligam diferentes funções trigonométricas. Exemplos incluem as identidades pitagóricas, as identidades da soma e da diferença e as identidades do duplo ângulo. Ilustrar como estas identidades facilitam a simplificação e a manipulação de expressões trigonométricas.

Gráficos de funções trigonométricas:

- **Visualizar funções:** Apresentar representações gráficas de funções trigonométricas, enfatizando a sua natureza periódica e as relações entre os gráficos de seno e cosseno. Discutir amplitude, freqüência e mudança de fase como características-chave dessas funções.

Funções trigonométricas inversas:

- **Arcsine, Arccosine, Arctangent:** Introduzir funções trigonométricas inversas, tais como arco-seno, arco-seno e arctangente. Explicar o seu papel na determinação de ângulos dados certos valores trigonométricos, alargando a aplicabilidade da trigonometria à resolução de problemas.

Aplicações em Geometria e Física:

- **Geometria:** Mostrar como a trigonometria é aplicada na geometria, particularmente na resolução de problemas que envolvem ângulos e distâncias. Ilustrar a sua utilização em áreas como a navegação, a topografia e o desenho arquitetónico.

- **Física:** Explorar as aplicações da trigonometria na física, demonstrando o seu papel na análise do movimento, formas de onda e fenómenos oscilatórios. Destacar a sua importância na descrição de fenómenos naturais e na previsão de comportamentos.

Significado educativo:

- **Conjunto de ferramentas matemáticas fundamentais:** Salientar o significado educativo das funções e identidades trigonométricas como um conjunto de ferramentas fundamentais para matemáticos, cientistas e engenheiros. Ilustrar como o domínio da trigonometria melhora as capacidades de resolução de problemas e o raciocínio matemático.

Ao navegar pelas funções e identidades trigonométricas, os leitores adquirem uma perspetiva de um domínio matemático profundamente interligado com a geometria, a física e as aplicações do mundo real. A secção fornece uma base teórica e ferramentas práticas para compreender e manipular relações trigonométricas.

3.5 Aplicações de Geometria e Trigonometria: Aproximação entre a teoria e a realidade

Esta secção aborda as aplicações da geometria e da trigonometria no mundo real, mostrando como estas disciplinas matemáticas são ferramentas essenciais em vários domínios, desde a arquitetura à engenharia.

Arquitetura e design:

- **Planeamento estrutural:** Explorar a forma como a geometria é aplicada no design arquitetónico, realçando conceitos como simetria, proporção e relações espaciais. Demonstrar como a trigonometria ajuda a calcular dimensões, ângulos e distribuições de carga no planeamento estrutural.

Física e Engenharia:

- **Mecânica e Dinâmica:** Ilustrar as aplicações da geometria e da trigonometria na física e na engenharia. Os exemplos incluem a análise de forças, a modelação de movimentos e a compreensão de formas de onda. Mostrar como os princípios matemáticos sustentam o desenvolvimento de tecnologias e sistemas.

Astronomia e navegação:

- **Navegação celestial:** Apresentar as aplicações históricas e contemporâneas da trigonometria na astronomia e na navegação. Explorar como os ângulos e as distâncias entre objectos celestes são calculados para determinar posições e trajectórias, ajudando na navegação em terra e no mar.

Computação gráfica e animação:

- **Modelação tridimensional:** Ilustrar como a geometria é fundamental na computação gráfica e na animação. Explicar como as transformações geométricas e as funções trigonométricas são utilizadas para criar ambientes virtuais realistas e visualmente apelativos.

Topografia e Cartografia:

- **Cartografia e medição de terras: Explorar** como a geometria e a trigonometria desempenham um papel crucial na topografia e cartografia. Discutir como os ângulos e as distâncias são medidos com precisão para criar mapas, orientar o planeamento urbano e gerir os recursos terrestres.

Imagiologia médica:

- **Técnicas de diagnóstico:** Discutir as aplicações da geometria na imagiologia médica, como a tomografia computorizada (CT) e a ressonância magnética (MRI). Ilustrar como os princípios geométricos contribuem para a interpretação e o diagnóstico de condições médicas.

A geometria na arte e na cultura:

- **Artes Visuais:** Mostrar a influência da geometria na arte e nas expressões culturais. Explorar a forma como os artistas utilizam os princípios geométricos para criar composições visualmente harmoniosas e maravilhas arquitectónicas que se mantêm como símbolos culturais.

Ciências do Ambiente:

- **Topografia e Análise Geográfica:** Discutir como a geometria e a trigonometria são utilizadas nas ciências ambientais para analisar a topografia, estudar as características do terreno e modelar os fenómenos ambientais. Ilustrar o seu papel na compreensão e mitigação de desastres naturais.

Significado educativo:

- **Relevância para o mundo real:** Salientar o significado educativo do estudo da geometria e da trigonometria, mostrando as suas aplicações directas na resolução de problemas práticos. Destacar a forma como estes conceitos matemáticos enriquecem a capacidade de compreender e de se relacionar com o mundo físico.

Ao explorar as aplicações da geometria e da trigonometria em diversos domínios, esta secção proporciona aos leitores uma apreciação mais profunda do impacto destas disciplinas matemáticas no mundo real. A ligação entre conceitos teóricos e aplicações práticas sublinha a versatilidade e a relevância da geometria e da trigonometria na resolução de desafios complexos em vários domínios.

Capítulo 4: A viagem do cálculo

4.1 Limites e Continuidade: Fundamentos do Cálculo

Esta secção aborda os conceitos fundamentais do cálculo, explorando especificamente os limites e a continuidade. Estes conceitos constituem a base do cálculo, permitindo a compreensão da mudança, das taxas e do comportamento das funções.

Limites:

*   **Abordagem de compreensão:** Introduzir o conceito de limites como uma ideia fundamental no cálculo. Enfatizar a noção de aproximação de um valor específico, tanto pela esquerda como pela direita, e o conceito de infinito como limites que se estendem para além de valores finitos.

*   **Notação simbólica:** Ilustrar a notação simbólica usada para representar limites, tais como

$$\lim_{x \to a} f(x) = L,$$ where L is the value that $f(x)$ approaches as x approaches a.

Limites no infinito: Discutir limites no infinito, explorando como as funções se comportam quando a entrada se aproxima do infinito positivo ou negativo. Ilustrar como os limites podem ajudar a analisar o comportamento a longo prazo das funções.

Continuidade:

*   **Transições suaves:** Definir continuidade como uma propriedade das funções em que não há saltos abruptos, buracos ou assíntotas verticais. Enfatizar a ideia de que uma função é contínua se o seu gráfico pode ser desenhado sem levantar o lápis.

*   **Definição formal:** Apresentar a definição formal de continuidade, enfatizando que um

$$\text{function } f(x) \text{ is continuous at a point } x = a \text{ if } \lim_{x \to a} f(x) = f(a).$$

Descontinuidades: Discutir diferentes tipos de descontinuidades, incluindo descontinuidades amovíveis (pontuais), de salto e infinitas. Ilustrar estes conceitos com representações gráficas.

Teorema do valor intermédio:

* **Garantir a conetividade:** Introduzir o Teorema do Valor Intermediário, que afirma que se a

> a function $f(x)$ is continuous on a closed interval $[a, b]$, then it takes on every value between $f(a)$ and $f(b)$ for at least one value of x in the interval.

Aplicação em cenários do mundo real: Discutir como o Teorema do Valor Intermediário é aplicado para garantir a existência de soluções ou valores dentro de um determinado intervalo.

Significado educativo:

* **Porta de entrada para o Cálculo:** Enfatizar o significado de limites e continuidade como os conceitos fundamentais que abrem a porta para o estudo mais amplo do cálculo. Estes conceitos servem como os blocos de construção para a compreensão de derivadas e integrais.

Ao explorar os limites e a continuidade, esta secção equipa os leitores com as ferramentas essenciais para a abordagem de conceitos mais avançados do cálculo. A ênfase nas representações gráficas e nas aplicações do mundo real aumenta a compreensão destes princípios fundamentais e do seu significado na análise matemática.

4.2 Diferenciação: Revelando taxas de mudança

Esta secção aborda o conceito central de diferenciação, um processo fundamental no cálculo que fornece informações sobre as taxas de variação das funções e o seu comportamento em pontos específicos.

Taxa de variação e declive:

* **Taxa instantânea:** Introduzir o conceito de taxa de variação instantânea, enfatizando como a diferenciação nos permite determinar como a saída de uma função muda em relação à sua entrada num ponto específico.

* **Declive da reta tangente:** Ilustrar como a diferenciação ajuda a calcular o declive da reta tangente a uma curva num dado ponto, fornecendo uma interpretação geométrica das

taxas de variação.

Derivadas e notação:

- **Definição de Derivada:** Definir a derivada de uma função como o limite da média rate of change as the interval approaches zero. Introduce the notation $f'(x)$ or $\frac{df}{dx}$ to represent the derivative of $f(x)$.

Interpretação como taxa instantânea: Enfatizar a interpretação da derivada como a taxa instantânea de variação, capturando como uma função se comporta numa escala infinitesimalmente pequena.

Regras de diferenciação:

- **Regra da Potência, Regra do Produto e Regra do Quociente:** Apresentar as regras fundamentais de diferenciação, incluindo a regra da potência para funções polinomiais, a regra do produto para produtos de funções e a regra do quociente para razões de funções.

- **Regra da cadeia:** Introduzir a regra da cadeia para diferenciar funções compostas, permitindo a diferenciação de expressões complexas envolvendo funções aninhadas.

Aplicações em ciência e engenharia:

- **Modelação da mudança:** Mostrar como a diferenciação é aplicada na ciência e na engenharia para modelar e analisar a mudança. Os exemplos incluem o cálculo de velocidades, taxas de reacções químicas e taxas de crescimento em sistemas biológicos.

- **Problemas de otimização:** Ilustrar como a diferenciação ajuda a resolver problemas de otimização, identificando pontos críticos onde as funções atingem valores máximos ou mínimos.

Derivados de ordem superior:

- **Derivadas segundas: Explorar** o conceito de derivadas de ordem superior, especificamente a segunda derivada. Discutir como a segunda derivada fornece informações sobre a concavidade e os pontos de inflexão de uma função.

- **Notation** $f''(x)$**:** Introduce the notation $f''(x)$ or $\frac{d^2f}{dx^2}$ for the second derivative, and discuss its interpretation in terms of curvature.

Significado educativo:

- **Porta de entrada para o Cálculo Avançado:** Enfatizar o papel fundamental da diferenciação como uma porta de entrada para o cálculo avançado. O domínio da diferenciação estabelece a base para a compreensão do comportamento das funções e suas aplicações em vários domínios.

Ao explorar a diferenciação, esta secção fornece aos leitores as ferramentas essenciais para analisar e interpretar o comportamento das funções. A ênfase nas regras, aplicações e derivadas de ordem superior fornece uma compreensão abrangente deste conceito fundamental no cálculo.

4.3 Integração: Desvendar a acumulação e a área

Esta secção aborda o cálculo integral, uma contrapartida da diferenciação, centrando-se no conceito de integração. A integração permite o cálculo de quantidades acumuladas e a determinação de áreas sob curvas.

Integrais definidas e indefinidas:

- **Acumulação de Quantidades:** Introduzir os integrais definido e indefinido como ferramentas para calcular quantidades acumuladas e encontrar antiderivadas, respetivamente.

- **Notations** $\int f(x)\, dx$ **and** $\int_a^b f(x)\, dx$**:** Present the integral notation $\int f(x)\, dx$ and the definite integral notation $\int_a^b f(x)\, dx$, highlighting their significance in que representam as antiderivadas e as quantidades acumuladas num determinado intervalo.

Teorema Fundamental do Cálculo:

- **Ligar a Diferenciação e a Integração:** Introduzir o Teorema Fundamental do Cálculo, enfatizando a conexão fundamental entre diferenciação e integração. O teorema estabelece que a integral definida da taxa de variação de uma função produz a função original.

- **Integral definido como acumulação:** Ilustrar como o integral definido representa a acumulação de quantidades, como a distância percorrida ou a variação total.

Técnicas de integração:

- **Método da Substituição:** Apresentar o método da substituição como uma técnica para calcular integrais. Ilustrar como fazer uma substituição permite a simplificação de integrais.

- **Integração por partes:** Introduzir a integração por partes, um método para integrar o produto de duas funções. Enfatizar a sua utilidade na abordagem de integrais mais complexos.

Aplicações em Geometria e Física:

- **Área sob curvas:** Ilustrar como a integração é usada para encontrar a área sob curvas no plano cartesiano. Discutir aplicações geométricas, incluindo o cálculo de áreas de formas irregulares.

- **Aplicações físicas: Explorar** aplicações físicas de integração, tais como determinar o trabalho realizado por uma força, calcular centros de massa e analisar a dinâmica de fluidos.

Integração numérica:

- **Aproximação de integrais:** Discutir métodos numéricos para aproximar integrais, tais como a regra trapezoidal e a regra de Simpson. Destacar as suas aplicações em situações em que as soluções analíticas são difíceis.

Integrais impróprias:

- **Limites infinitos de integração:** Introduzir integrais impróprios, que surgem quando os limites de integração se estendem ao infinito ou quando o integrando tem descontinuidades infinitas. Discutir métodos para tratar e calcular integrais impróprios.

Significado educativo:

- **Compreensão holística do cálculo:** Salientar o significado educativo da integração como uma componente crucial do cálculo, proporcionando uma compreensão holística da análise matemática. O domínio da integração melhora as capacidades de resolução de problemas e aprofunda os conhecimentos sobre modelação matemática.

Ao explorar a integração, esta secção equipa os leitores com as ferramentas para calcular quantidades acumuladas, encontrar áreas sob curvas e abordar vários problemas do mundo real. A ênfase em técnicas, aplicações e no Teorema Fundamental do Cálculo melhora a compreensão deste aspecto essencial do cálculo.

4.4 Aplicações do Cálculo: Aproximar a teoria dos problemas do mundo real

Esta secção explora as diversas aplicações do cálculo, mostrando como os princípios de diferenciação e integração são ferramentas poderosas para resolver problemas do mundo real em várias disciplinas.

Física e movimento:

- **Cinemática:** Ilustrar como o cálculo é aplicado na física para modelar o movimento de objectos. Discutir conceitos como velocidade, aceleração e deslocamento, mostrando como as derivadas e integrais são usadas para analisar e prever o comportamento de corpos em movimento.

Economia e finanças:

- **Taxa de variação em economia: Explorar** como o cálculo é utilizado em economia para analisar taxas de variação. Discutir o custo marginal, a receita marginal e a elasticidade, mostrando como os derivados fornecem informações sobre a tomada de decisões económicas.

- **Otimização em Finanças:** Demonstrar a aplicação do cálculo em finanças para otimizar carteiras de investimento, maximizar lucros e minimizar riscos.

Biologia e Medicina:

- **Dinâmica populacional:** Discutir como o cálculo é empregue em biologia para modelar o crescimento e a dinâmica da população. Explorar conceitos como crescimento exponencial e decaimento, mostrando o uso de equações diferenciais.

- **Imagens médicas e dosagem de medicamentos:** Ilustrar como o cálculo é aplicado na medicina para tarefas como a interpretação de imagens médicas, modelação de concentrações de medicamentos no corpo e compreensão de processos biológicos.

Engenharia e tecnologia:

- **Processamento de sinais:** Mostrar o uso do cálculo no processamento de sinais, onde derivadas e integrais são empregadas para analisar e manipular sinais. Discutir aplicações em telecomunicações e processamento de áudio.

- **Sistemas de Controlo:** Ilustrar como o cálculo é utilizado em engenharia para conceber e analisar sistemas de controlo, assegurando a estabilidade e o desempenho ideal.

Ciências do Ambiente:

• **Modelação de fenómenos ambientais:** Explorar como o cálculo é aplicado na ciência ambiental para modelar e analisar fenómenos como a difusão da poluição, sistemas ecológicos e alterações climáticas. Discutir o uso de equações diferenciais na modelagem ambiental.

Informática e Algoritmos:

• **Análise de Algoritmos:** Discutir como o cálculo é usado na ciência da computação para analisar a eficiência dos algoritmos. Explorar conceitos como a complexidade temporal, em que as derivadas ajudam a compreender como o desempenho algorítmico se adapta ao tamanho da entrada.

Ciências sociais:

• **Modelação de fenómenos sociais:** Apresentar aplicações do cálculo nas ciências sociais, incluindo a modelação da difusão de informação, a previsão de tendências e a compreensão da dinâmica social. Discutir como as equações diferenciais podem ser usadas na modelação social.

Significado educativo:

• **Relevância prática:** Sublinhar o significado educativo do cálculo, mostrando a sua relevância prática na resolução de problemas do mundo real. Destacar como uma sólida compreensão do cálculo melhora o pensamento crítico e as capacidades de resolução de problemas em vários domínios.

Ao explorar as aplicações do cálculo em diversos domínios, esta secção oferece aos leitores uma perspetiva mais ampla sobre o significado prático dos conceitos matemáticos. A ligação entre os princípios teóricos e a resolução de problemas do mundo real demonstra a versatilidade e o impacto do cálculo em diferentes disciplinas.

4.5 Cálculo Multivariável: Extensão da análise a múltiplas dimensões

Esta secção aprofunda o domínio do cálculo multivariável, expandindo os princípios do cálculo de uma variável para analisar funções de várias variáveis, gradientes, integrais múltiplos e cálculo vetorial.

Funções de várias variáveis:

- **Funções Multivariáveis:** Introduzir funções com múltiplas variáveis, enfatizando como essas funções mapeiam pontos no espaço multidimensional para números reais. Discutir o conceito de vectores de entrada e escalares de saída.

Derivadas parciais:

- **Taxa de variação em várias direções:** Introduzir as derivadas parciais como um meio de calcular a taxa de variação de uma função multivariável em relação a cada uma de suas variáveis independentemente. Enfatizar a interpretação geométrica como declives de planos tangentes.

Vetor de gradiente:

- **Derivadas Direcionais:** Introduzir o vetor gradiente como uma ferramenta poderosa para compreender a direção do aumento máximo de uma função. Discutir as derivadas direcionais e suas aplicações em problemas de otimização.

Integrais múltiplos:

- **Volume e área em múltiplas dimensões:** Alargar a integração a múltiplas dimensões, introduzindo integrais duplos e triplos. Ilustrar como os integrais múltiplos são usados para calcular volumes, áreas de superfície e distribuições de massa no espaço tridimensional.

Funções Vectoriais Valorizadas:

- **Saídas com valor vetorial:** Discutir funções vectoriais, em que o resultado é um vetor em vez de um escalar. Explorar curvas no espaço representadas por funções vectoriais e discutir as suas derivadas e integrais.

Integrais de linha e Teorema de Green:

- **Trabalho ao longo de curvas:** Introduzir os integrais de linha, que calculam o trabalho realizado por uma força ao longo de uma curva. Discutir o Teorema de Green, ligando os integrais de linha aos integrais duplos e facilitando o cálculo do fluxo e da circulação.

Integrais de superfície e Teorema da Divergência:

- **Fluxo através de Superfícies: Explorar** integrais de superfície, representando o fluxo de um campo vetorial através de uma superfície. Introduzir o Teorema da Divergência, relacionando um integral triplo sobre uma região com o fluxo através do limite da região.

Teorema de Stokes:

- **Curvatura e Circulação:** Discutir o Teorema de Stokes, relacionando a circulação de um campo vetorial em torno de uma curva com a curvatura do campo ao longo de uma superfície. Enfatizar a ligação entre integrais de linha e integrais de superfície.

Aplicações em Física e Engenharia:

- **Eletricidade e Magnetismo:** Mostrar aplicações do cálculo multivariável na física, particularmente no estudo da eletricidade e do magnetismo. Discutir conceitos como o fluxo elétrico, campos magnéticos e a divergência de campos vectoriais.

- **Dinâmica dos Fluidos:** Ilustrar a utilização do cálculo vetorial na dinâmica dos fluidos, onde conceitos como circulação, fluxo e divergência são cruciais para compreender o comportamento dos fluidos.

Significado educativo:

- **Análise Matemática Avançada:** Enfatizar o significado educacional do cálculo multivariável como uma ferramenta de análise matemática avançada. Discutir como ele fornece uma estrutura para a compreensão e resolução de problemas em múltiplas dimensões, preparando os alunos para estudos avançados em vários campos.

Ao explorar o cálculo multivariável, esta secção equipa os leitores com as ferramentas para analisar e modelar fenómenos em múltiplas dimensões. A extensão dos princípios do cálculo a dimensões superiores aumenta a compreensão e a aplicabilidade dos conceitos matemáticos em diversos domínios científicos e de engenharia.

Capítulo 5: Aventuras de Álgebra Linear

5.1 Vectores e matrizes: Fundamentos de Álgebra Linear

Esta secção introduz os conceitos fundamentais de vectores e matrizes, lançando as bases para o estudo da álgebra linear e das suas aplicações em vários domínios.

Vectores:

- **Interpretação geométrica:** Definir vectores como entidades matemáticas que representam quantidades com magnitude e direção. Enfatizar a interpretação geométrica dos vectores como segmentos de reta orientados no espaço.

- **Componentes e Sistemas de Coordenadas:** Discutir como os vectores podem ser representados pelas suas componentes num sistema de coordenadas. Introduzir os vectores da base padrão no espaço 2D e 3D.

- **Operações vectoriais:** Abordar as operações vectoriais, incluindo a adição, a multiplicação por escalar e o produto escalar. Ilustrar como estas operações reflectem relações geométricas e podem ser utilizadas para modelar fenómenos físicos.

Matrizes:

- **Matrizes de números:** Definir matrizes como conjuntos de números organizados em linhas e colunas. Introduzir a notação para matrizes e discutir a sua representação em termos de dimensões (m x n).

- **Operações com matrizes:** Abordar as operações básicas de matrizes, incluindo adição, multiplicação por escalar e multiplicação de matrizes. Enfatizar as regras e propriedades destas operações.

- **Matrizes identidade e inversa:** Introduzir a matriz identidade e discutir seu papel nas operações com matrizes. Discutir o conceito de matriz inversa e as condições para que uma matriz tenha uma inversa.

Transformações lineares:

- **Multiplicação de matrizes e vectores: Explorar** a multiplicação matriz-vetorial como uma representação de transformações lineares. Discutir como as matrizes podem ser utilizadas para transformar vectores e relacionar este conceito com transformações geométricas.

- **Aplicações em computação gráfica:** Ilustrar como as matrizes são aplicadas em computação gráfica para transformações como translação, rotação e escalonamento.

Valores próprios e vectores próprios:

- **Pares de valores próprios e vectores próprios:** Introduzir os conceitos de valores próprios e vectores próprios. Discutir como os valores próprios representam factores de escala em transformações lineares e os vectores próprios representam as direcções não afectadas pela transformação.

- **Diagonalização:** Discutir a diagonalização de matrizes utilizando vectores próprios, fornecendo informações sobre a forma diagonal de determinadas matrizes.

Aplicações em Física e Engenharia:

- **Sistemas de forças e equilíbrio:** Apresentar aplicações de vectores na física, particularmente na análise de sistemas de forças e no estudo do equilíbrio. Ilustrar como os vectores são utilizados para representar as forças que actuam sobre os objectos.

- **Circuitos Eléctricos:** Discutir aplicações de matrizes na análise de circuitos eléctricos. Ilustrar como as matrizes podem modelar as relações entre correntes e tensões em circuitos complexos.

Significado educativo:

- **Porta de entrada para a Álgebra Linear:** Enfatizar o significado educacional de vectores e matrizes como a base da álgebra linear. Discutir como estes conceitos fornecem uma estrutura poderosa para resolver sistemas de equações lineares e compreender transformações em vários campos.

Ao explorar vectores e matrizes, esta secção fornece aos leitores as ferramentas essenciais para compreender a álgebra linear e as suas aplicações. A ênfase nas interpretações geométricas, operações e aplicações no mundo real estabelece as bases para uma exploração mais profunda dos conceitos de álgebra linear.

5.2 Sistemas de equações lineares: Analisando relações interconectadas

Esta secção centra-se no estudo dos sistemas de equações lineares, explorando os métodos e técnicas para os resolver e compreendendo as suas aplicações em diversos domínios.

Representação do sistema:

- **Equações Lineares em Múltiplas Variáveis:** Definir sistemas de equações lineares como conjuntos de equações envolvendo múltiplas variáveis. Enfatizar a linearidade de cada equação, onde a maior potência de qualquer variável é um.

- **Notação matricial:** Introduzir a notação matricial para representar sistemas de equações lineares.

  Express a system as $Ax - b$, where A is the coefficient matrix, x is the column vector of variables, and b is the column vector of constants.

Métodos de solução:

- **Interpretação gráfica:** Discutir a representação gráfica de sistemas com duas ou três variáveis. Ilustrar como os pontos de intersecção dos planos ou rectas correspondentes representam soluções para o sistema.

- **Substituição e eliminação:** Introduzir métodos algébricos como a substituição e a eliminação para resolver sistemas pequenos. Enfatizar o processo sistemático de isolar variáveis para encontrar uma solução única.

- **Inversão de matrizes: Explorar** o método de inversão de matrizes para resolver sistemas de equações lineares. Discutir as condições para que uma matriz seja invertível e sua aplicação para encontrar soluções únicas.

- **Eliminação Gaussiana:** Apresentar o método de eliminação gaussiana para transformar matrizes aumentadas na forma reduzida de linha-echelon. Ilustrar como este método simplifica o processo de resolução de grandes sistemas.

Sistemas Homogéneos e Espaços Nulos:

- **Sistemas Homogéneos:** Definir sistemas homogéneos como sistemas com zero constantes rdado direito. Discutir como os sistemas homogéneos têm sempre pelo menos uma solução (a solução trivial).

- **Espaço nulo:** Introduzir o espaço nulo de uma matriz como o conjunto de todas as soluções do sistema homogéneo correspondente. Discutir a importância dos espaços nulos na compreensão das propriedades das matrizes.

Aplicações em Engenharia e Ciência:

- **Análise de circuitos:** Demonstrar a aplicação de sistemas de equações lineares na análise de circuitos eléctricos. Discutir como as leis de Kirchhoff levam a sistemas de equações lineares que representam relações de corrente e tensão.

- **Reacções químicas: Explorar** como os sistemas de equações lineares são utilizados em química para representar e equilibrar reacções químicas. Discutir a matriz estequiométrica e o seu papel na análise de reacções.

Independência linear e classificação:

- **Independência linear:** Definir independência linear e ilustrar a sua importância na compreensão do comportamento das variáveis num sistema. Discutir o conceito de um conjunto de vectores linearmente independentes.

- **Classificação de uma matriz:** Introduzir a classificação de uma matriz como o número máximo de linhas ou colunas linearmente independentes. Discutir como a classificação está relacionada com as soluções de um sistema.

Significado educativo:

- **Desenvolvimento de competências analíticas críticas:** Enfatizar o significado educacional do estudo de sistemas de equações lineares como um meio de desenvolver habilidades analíticas críticas. Discutir como essas habilidades são aplicáveis em vários contextos científicos, de engenharia e matemáticos.

Ao explorar os sistemas de equações lineares, esta secção dota os leitores de conhecimentos básicos de álgebra linear, realçando o seu papel como uma ferramenta poderosa para modelar e resolver relações interligadas em diversas aplicações.

5.3 Valores próprios e vectores próprios: Desvendar direcções invariantes e factores de escala

Esta secção aborda os conceitos de valores próprios e vectores próprios, oferecendo uma perspetiva das transformações lineares e do seu comportamento em vários contextos matemáticos e aplicados.

Valores próprios e vectores próprios:

- **Definição:** Definir os valores próprios e os vectores próprios como propriedades cruciais do quadrado

matrices A. An eigenvector of A is a non-zero vector v such that $Av - \lambda v$, where λ é o valor próprio correspondente.

- **Eigenvalue Equation:** Present the eigenvalue equation $|A - \lambda I| = 0$, where I is the identity matrix. Solutions to this equation provide the eigenvalues of A.

Interpretação geométrica:

- **Escalonamento e invariância:** Ilustrar a interpretação geométrica dos vectores próprios como direcções em que uma transformação linear representada por A apenas provoca um escalamento, dado pelo correspondente valor próprio λ.

- **Subespaços Invariantes:** Discutir como os vectores próprios abrangem subespaços invariantes sob a transformação linear A, fornecendo informações sobre o comportamento da transformação.

Diagonalização:

- **Processo de diagonalização:** Introduzir a diagonalização como o processo de expressar um

matrix A as PDP^{-1}, where P is the matrix of eigenvectors, and D é uma matriz diagonal com valores próprios na diagonal principal.

- **Condições para Diagonalização:** Discutir as condições para que uma matriz seja diagonalizável, enfatizando a independência linear dos vectores próprios.

Aplicações em sistemas dinâmicos:

- **Análise de estabilidade:** Mostrar como os valores próprios são cruciais na análise de estabilidade de sistemas dinâmicos. Discutir como os valores próprios de uma representação matricial de um sistema determinam as suas propriedades de estabilidade.

- **Dinâmica populacional:** Explorar aplicações de valores próprios na modelação da dinâmica populacional, em que as matrizes representam a transição entre diferentes estados.

Análise de componentes principais (PCA):

- **Redução da dimensionalidade:** Discutir como os vectores próprios e os valores próprios são utilizados na PCA para reduzir a dimensionalidade dos dados. Explicar como os componentes principais captam as variações mais significativas nos dados.

Mecânica Quântica:

- **Funções de onda e operadores:** Introduzir o papel dos valores próprios e dos vectores próprios na mecânica quântica. Discutir como os operadores representam observáveis físicos e as funções próprias representam estados com propriedades bem definidas.

Significado educativo:

- **Compreender as Transformações Lineares:** Salientar o significado educativo dos valores próprios e dos vectores próprios como conceitos fundamentais da álgebra linear. Discutir como esses conceitos fornecem uma compreensão mais profunda das transformações lineares e suas aplicações.

Ao explorar os valores próprios e os vectores próprios, esta secção fornece aos leitores um conjunto de ferramentas poderoso para compreender o comportamento das transformações lineares e as suas aplicações em várias disciplinas científicas, matemáticas e de engenharia. A interpretação geométrica e as aplicações sublinham o significado destes conceitos em cenários do mundo real.

5.4 Aplicações em Ciências e Engenharia: Utilização da Álgebra Linear em Contextos do Mundo Real

Esta secção aborda as diversas aplicações da álgebra linear na ciência e na engenharia, mostrando como as matrizes, os vectores, os valores próprios e os vectores próprios desempenham um papel fundamental na modelação e resolução de problemas do mundo real.

Análise de circuitos eléctricos:

- **Lei de Ohm e Leis de Kirchhoff: Explorar** como a álgebra linear é aplicada na análise de circuitos eléctricos. Discutir o uso de matrizes para representar a lei de Ohm e as leis de Kirchhoff, permitindo a análise eficiente de circuitos complexos.

Sistemas Mecânicos e Dinâmica:

* **Modelação de estruturas mecânicas:** Apresentar aplicações da álgebra linear na modelação de sistemas mecânicos. Discutir como as matrizes podem representar matrizes de rigidez e massa, permitindo a análise da dinâmica estrutural.

* **Análise de vibrações:** Explorar a utilização da álgebra linear na análise de vibrações e oscilações em sistemas mecânicos. Discutir valores próprios e vectores próprios no contexto da análise modal.

Processamento de imagens e visão computacional:

* **Representação de imagens:** Discutir a forma como as matrizes e os vectores são utilizados na representação de imagens digitais. Explorar técnicas como as transformações matriciais para processamento de imagens e extração de características.

* **Análise de componentes principais (PCA):** Ilustrar a utilização da álgebra linear, especificamente valores próprios e vectores próprios, na PCA para redução da dimensionalidade e seleção de características em aplicações de visão por computador.

Sistemas de controlo:

* **Sistemas de Controlo Linear:** Apresentar a aplicação da álgebra linear na engenharia de sistemas de controlo. Discutir representações de espaço de estado, onde as matrizes representam a dinâmica do sistema e os vectores representam as variáveis de estado.

* **Feedback e Análise de Estabilidade:** Ilustrar como os valores próprios são utilizados na análise da estabilidade dos sistemas de controlo. Discuta o papel da equação caraterística na determinação da estabilidade do sistema.

Dinâmica dos fluidos e transferência de calor:

* **Equações diferenciais parciais:** Discutir como a álgebra linear é utilizada na resolução de equações diferenciais parciais que surgem na dinâmica dos fluidos e na transferência de calor. Explorar a discretização de domínios espaciais utilizando matrizes.

- **Análise de elementos finitos:** Ilustrar a aplicação da álgebra linear na análise de elementos finitos, em que as matrizes representam matrizes de rigidez e de massa na simulação de sistemas físicos.

Análise de dados e aprendizagem automática:

- **Regressão linear e mínimos quadrados: Explorar** a utilização de álgebra linear em regressão linear e métodos de mínimos quadrados para ajuste de dados. Discutir como as matrizes e os vectores representam as relações input-output em modelos de regressão.

- **Decomposição do valor singular (SVD):** Discutir a aplicação da SVD, uma técnica da álgebra linear, na compressão de dados, na redução de ruído e na extração de características essenciais na aprendizagem automática.

Mecânica Quântica:

- **Estados e Operadores Quânticos:** Apresentar o papel da álgebra linear na representação de estados quânticos e operadores na mecânica quântica. Discutir como os vectores e as matrizes modelam os estados quânticos e os observáveis.

- **Valores próprios em sistemas quânticos: Explorar** o significado dos valores próprios nos sistemas quânticos, onde determinam os resultados possíveis das medições.

Significado educativo:

- **Resolução de problemas do mundo real:** Realçar o significado educativo da álgebra linear ao permitir que os estudantes resolvam problemas complexos do mundo real em diversos domínios científicos e de engenharia. Discutir como uma sólida compreensão da álgebra linear melhora as capacidades de resolução de problemas.

Ao explorar aplicações em ciência e engenharia, esta secção realça o significado prático da álgebra linear, demonstrando a sua omnipresença na modelação e resolução de problemas em várias disciplinas. A ênfase nos contextos do mundo real proporciona uma ponte entre os conceitos teóricos e as suas aplicações com impacto.

Capítulo 6: Inferências estatísticas e domínios de probabilidade

6.1 Teoria das Probabilidades: Desvendar a incerteza e a aleatoriedade

Esta secção introduz os conceitos fundamentais da teoria das probabilidades, explorando o quadro matemático para quantificar a incerteza e a aleatoriedade em vários cenários.

Definições básicas:

- **Espaço amostral e eventos:** Definir o espaço amostral como o conjunto de todos os resultados possíveis de uma experiência aleatória. Introduzir eventos como subconjuntos do espaço amostral que representam resultados específicos ou combinações de resultados.

- **Função de probabilidade:** Definir a função de probabilidade, denotada como $P(A)$, como a medida da probabilidade de ocorrência de um evento A. Discutir as propriedades básicas das probabilidades, como o facto de serem não-negativas e somarem um em todo o espaço amostral.

Regras de probabilidade:

- **Regra da adição:** Introduzir a regra da adição para probabilidades, tanto para acontecimentos mutuamente exclusivos (não sobrepostos) como para acontecimentos não mutuamente exclusivos. Discutir a fórmula

$P(A \cup B) = P(A) + P(B) - P(A \cap B)$.

- **Eventos complementares:** Discutir o conceito de eventos complementares e a regra

$$P(A') = 1 - P(A),$$ where A' represents the complement of event A.

Probabilidade condicional:

- **Definição e notação:** Introduzir a probabilidade condicional como a probabilidade de um acontecimento

A occurring given that event B has occurred, denoted as $P(A|B)$. Discuss the formula $P(A|B) = \frac{P(A \cap B)}{P(B)}$.

Independência: Definir acontecimentos independentes e discutir como a ocorrência de um acontecimento não afecta a probabilidade do outro. Introduzir o conceito de $P(A \cap B) = P(A) \cdot P(B)$ para eventos independentes.

Probabilidade Bayesiana:

- **Teorema de Bayes:** Introduzir o Teorema de Bayes como uma forma de atualizar as probabilidades com base em

new information. Discuss the formula $P(A|B) - \frac{P(B|A) \cdot P(A)}{P(B)}$, where A and B are events.

Variáveis aleatórias e distribuições de probabilidade:

- **Definição de variáveis aleatórias:** Definir variáveis aleatórias como variáveis que assumem valores com base nos resultados de uma experiência aleatória. Distinguir entre variáveis aleatórias discretas e contínuas.

- **Função de Massa de Probabilidade (PMF) e Função de Densidade de Probabilidade (PDF):** Introduzir a PMF para variáveis aleatórias discretas e a PDF para variáveis aleatórias contínuas. Discuta como essas funções fornecem as probabilidades associadas a diferentes valores da variável aleatória.

Expectativa e variância:

- **Valor esperado (média):** Definir o valor esperado (média) de uma variável aleatória como a média ponderada dos seus valores possíveis, em que os pesos são dados pelas probabilidades desses valores.

- **Variância e desvio padrão:** Introduzir a variância como uma medida da dispersão de uma

random variable's distribution. Discuss the formula for variance $\mathrm{Var}(X) -$

$$\sum (x_i - \mu)^2 \cdot P(x_i)$$ and the standard deviation as the square root of the variance.

Lei dos Grandes Números e Teorema do Limite Central:

- **Lei dos grandes números:** Discuta a Lei dos Grandes Números, que afirma que, à medida que o tamanho da amostra aumenta, a média da amostra aproxima-se da verdadeira média da população.

- **Teorema do limite central:** Introduzir o Teorema do Limite Central, afirmando que a distribuição da soma (ou média) de um grande número de variáveis aleatórias independentes e identicamente distribuídas se aproxima de uma distribuição normal, independentemente da distribuição original.

Aplicações em estatística e tomada de decisões:

• **Inferência Estatística:** Discutir como a teoria das probabilidades forma a base da inferência estatística, incluindo testes de hipóteses e intervalos de confiança.

• **Tomada de decisão sob incerteza:** Ilustrar como a teoria das probabilidades é aplicada em cenários de tomada de decisão que envolvem incerteza. Discutir critérios de decisão baseados em valores esperados e probabilidades.

Significado educativo:

• **Pensamento crítico e capacidade de tomada de decisões:** Salientar o significado educativo da teoria das probabilidades na promoção do pensamento crítico e das capacidades de tomada de decisões. Discutir como uma sólida compreensão da probabilidade aumenta as capacidades analíticas em vários domínios.

Ao explorar a teoria das probabilidades, esta secção equipa os leitores com as ferramentas para modelar e analisar a incerteza, fornecendo um quadro matemático para a tomada de decisões informadas na presença de aleatoriedade. Os conceitos e regras fundamentais apresentados servem de base para estudos posteriores em estatística e matemática aplicada.

6.2 Estatística descritiva: Revelando padrões e resumindo dados

Esta secção aprofunda o domínio da estatística descritiva, fornecendo métodos e técnicas para analisar e resumir dados, revelando padrões e características-chave.

Medidas de tendência central:

• **Média:** Definir a média como a média aritmética de um conjunto de valores. Discutir como a média é calculada somando todos os valores e dividindo pelo número de observações.

• **Mediana:** Introduzir a mediana como o valor intermédio quando os dados estão organizados por ordem ascendente ou descendente. Discutir a sua utilização no tratamento de conjuntos de dados enviesados.

• **Modo:** Definir a moda como o valor que ocorre mais frequentemente num conjunto de dados. Discutir situações em que um conjunto de dados pode ter um ou mais modos.

Medidas de dispersão:

- **Intervalo:** Definir o intervalo como a diferença entre os valores máximo e mínimo num conjunto de dados. Discutir a sua simplicidade mas a sua informatividade limitada.

- **Variância:** Introduzir a variância como uma medida do grau de dispersão d e um conjunto de valores.

Discuss the formula $\mathrm{Var}(X) = \frac{\sum (x_i - \mu)^2}{n}$, where μ is the mean.

- **Desvio padrão:** Defina o desvio padrão como a raiz quadrada da variância. Discuta a sua interpretação nas mesmas unidades que os dados originais.

Quantis e percentis:

- **Quantis:** Definir quantis como pontos que dividem um conjunto de dados em proporções iguais. Discutir o conceito de quartis, quintis e decis.

- **Percentis:** Introduzir os percentis como quantis específicos que representam a percentagem de pontos de dados abaixo de um determinado valor. Discutir a utilização de percentis na análise de distribuições.

Medidas de relacionamento:

- **Covariância:** Definir covariância como uma medida de como duas variáveis mudam juntas. Discutir a

Discuss the formula $\rho = \frac{\mathrm{Cov}(X,Y)}{\sigma_X \sigma_Y}$, where σ_X and σ_Y are the standard deviations.

Coeficiente de correlação: Introduzir o coeficiente de correlação como uma medida padronizada da força e direção da relação linear entre duas variáveis

Discuss the formula $\rho = \frac{\mathrm{Cov}(X,Y)}{\sigma_X \sigma_Y}$, where σ_X and σ_Y are the standard deviations.

Box Plots e Histogramas:

- **Gráficos de caixa:** Definir gráficos de caixa como representações gráficas da distribuição de dados, mostrando a mediana, quartis e potenciais outliers. Discuta a sua utilização para resumir visualmente os dados.

- **Histogramas:** Introduzir histogramas como representações gráficas da distribuição de dados numéricos. Discutir a utilização de compartimentos para representar intervalos de dados e a frequência de observações em cada compartimento.

Skewness e Kurtosis:

*   **Skewness:** Definir assimetria como uma medida da assimetria de uma distribuição. Discutir distribuições positivamente e negativamente enviesadas e suas implicações.

*   **Curtose:** Introduzir a curtose como uma medida da "cauda" de uma distribuição. Discutir as distribuições leptocúrticas e platicúrticas.

Aplicações em análise de dados:

*   **Sumarização de dados:** Ilustrar como as estatísticas descritivas são utilizadas para resumir e apresentar as principais características dos conjuntos de dados, ajudando na interpretação e comunicação dos dados.

*   **Exploração inicial de dados:** Discutir como as estatísticas descritivas servem como o primeiro passo para explorar e compreender um conjunto de dados antes de análises mais avançadas.

Significado educativo:

*   **Competências de interpretação de dados:** Salientar o significado educativo da estatística descritiva no desenvolvimento de competências de interpretação de dados. Discutir como estas competências são fundamentais para tomar decisões informadas com base em dados.

Ao explorar a estatística descritiva, esta secção fornece aos leitores as ferramentas para resumir e compreender as características dos conjuntos de dados. A ênfase nas medidas de tendência central, dispersão, representações gráficas e relações entre variáveis fornece uma base abrangente para a análise e interpretação de dados.

6.3 Estatística inferencial: Obtendo informações para além dos dados

Esta secção aborda a estatística inferencial, que envolve fazer previsões ou inferências sobre uma população com base numa amostra de dados. A estatística inferencial vai além da estatística descritiva, permitindo uma visão mais alargada e generalizações.

Estimativa de pontos:

- **Parâmetro e estatística:** Distinguir entre parâmetros populacionais (características numéricas de uma população) e estatísticas amostrais (estimativas dos parâmetros correspondentes com base numa amostra).

- **Estimadores pontuais:** Introduzir os estimadores pontuais como métodos estatísticos utilizados para estimar

  population parameters. Discuss the sample mean ($\bar{x}$) as an estimator of the population mean (μ) and the sample proportion (p) as an estimator of the population proportion (P).

Intervalos de confiança:

- **Nível de confiança:** Defina o nível de confiança como a probabilidade de a estimativa do intervalo conter o verdadeiro valor do parâmetro. Os níveis de confiança normalmente utilizados incluem 90%, 95% e 99%.

- **Margem de erro:** Introduzir a margem de erro como o intervalo dentro do qual o valor verdadeiro do parâmetro é suscetível de cair. Discutir a relação entre o nível de confiança e a margem de erro.

- **Construção de intervalos de confiança:** Ilustrar como os intervalos de confiança são construídos usando estimativas pontuais e erros padrão. Discutir a interpretação de um intervalo de confiança de 95% como um intervalo de valores que é suscetível de incluir o verdadeiro valor do parâmetro.

Teste de hipóteses:

Null Hypothesis and Alternative Hypothesis: Define the null hypothesis (H_0) as a statement of no effect or no difference and the alternative hypothesis (H_1 or H_a) as a statement contradicting the null hypothesis.

Significance Level (α): Introduce the significance level as the probability of rejecting the null hypothesis when it is true. Commonly used significance levels are 0.05 and 0.01.

Valor p: Definir o valor p como a probabilidade de observar uma estatística de teste tão ou mais extrema do que a calculada a partir da amostra, assumindo que a hipótese nula é verdadeira.

- **Regra de decisão:** Discuta como as decisões no teste de hipóteses são tomadas com base na comparação do valor p com o nível de significância escolhido. Rejeitar a hipótese nula se o valor p for menor ou igual ao nível de significância.

Tipos de erros e poder:

- **Erros do tipo I e do tipo II:** Defina o erro do tipo I como a rejeição de uma hipótese nula verdadeira e o erro do tipo II como a não rejeição de uma hipótese nula falsa. Discuta o compromisso entre estes erros.

- **Poder de um teste:** Introduzir o poder de um teste como a probabilidade de rejeitar corretamente uma hipótese nula falsa. Discutir os factores que afectam o poder do teste, como o tamanho da amostra e o tamanho do efeito.

Comparações e relações:

- **Comparação de médias:** Ilustrar estatísticas inferenciais para comparação de médias, incluindo testes t para duas amostras independentes ou emparelhadas. Discutir pressupostos, cálculos e interpretações.

- **Análise de variância (ANOVA):** Introduzir a ANOVA como um método estatístico para comparar médias em vários grupos. Discutir a ANOVA unidirecional e bidirecional.

Análise de regressão:

- **Regressão linear:** Explorar estatísticas inferenciais em regressão linear, incluindo testes de hipóteses para coeficientes de regressão e o significado geral do modelo de regressão.

- **Regressão logística:** Discutir a regressão logística no contexto da previsão de resultados binários. Introduzir o rácio de probabilidades e a sua interpretação.

Aplicações na investigação e na tomada de decisões:

- **Conceção da investigação:** Ilustrar como a estatística inferencial orienta a conceção de experiências e inquéritos, incluindo considerações como a dimensão da amostra e a aleatorização.

- **Tomada de decisões:** Discutir como a estatística inferencial fornece uma estrutura para a tomada de decisões com base em dados, ajudando a fazer inferências sobre populações para além da amostra observada.

Significado educativo:

• **Pensamento crítico e competências de investigação:** Salientar o significado educativo da estatística inferencial no desenvolvimento do pensamento crítico e das competências de investigação. Discutir como estas competências são essenciais para tirar conclusões significativas a partir de dados e tomar decisões informadas.

Ao explorar a estatística inferencial, esta secção equipa os leitores com as ferramentas necessárias para obterem conhecimentos mais amplos e tirarem conclusões sobre populações com base em dados de amostras limitadas. A ênfase nos testes de hipóteses, intervalos de confiança e comparações fornece uma base para análises e investigações estatísticas mais avançadas.

6.4 Aplicações em ciência de dados: Extração de conhecimentos a partir de dados

Esta secção explora as aplicações da estatística no domínio da ciência dos dados, mostrando como os métodos estatísticos são utilizados para analisar, interpretar e obter informações de conjuntos de dados grandes e complexos.

Análise descritiva:

• **Análise Exploratória de Dados (AED):** Discutir o papel da estatística descritiva na AED, onde os cientistas de dados utilizam vários métodos gráficos e numéricos para resumir e visualizar as principais características dos conjuntos de dados.

• **Visualização de dados: Explorar** a utilização de visualizações, tais como histogramas, gráficos de caixa e gráficos de dispersão, para descobrir padrões, tendências e valores atípicos em grandes conjuntos de dados.

Análise inferencial:

• **Modelação Preditiva:** Ilustrar como a estatística inferencial desempenha um papel crucial na modelação preditiva. Discutir técnicas como a análise de regressão e os algoritmos de aprendizagem automática para fazer previsões com base em dados históricos.

• **Teste de hipóteses em testes A/B:** Discutir a aplicação de testes de hipóteses em cenários de testes A/B, em que os cientistas de dados comparam duas versões (A e B) para determinar qual tem melhor desempenho em termos de envolvimento do utilizador, taxas de conversão, etc.

Métodos Bayesianos:

- **Inferência Bayesiana:** Introduzir os métodos Bayesianos na ciência de dados, enfatizando como a inferência Bayesiana permite que os cientistas de dados actualizem as crenças sobre os parâmetros com base no conhecimento prévio e em novos dados.

- **Aprendizagem automática Bayesiana:** Discutir a integração de métodos Bayesianos em algoritmos de aprendizagem automática, oferecendo um quadro probabilístico para lidar com a incerteza nas previsões.

Aprendizagem estatística:

- **Teoria da Aprendizagem Estatística:** Introduzir a teoria da aprendizagem estatística no contexto da ciência dos dados, enfatizando os princípios fundamentais subjacentes aos modelos de aprendizagem automática, incluindo o compromisso entre a polarização e a variância e a complexidade do modelo.

- **Classificação e agrupamento:** Discutir como as técnicas de aprendizagem estatística são aplicadas em tarefas de classificação (atribuição de rótulos a pontos de dados) e tarefas de agrupamento (agrupamento de pontos de dados semelhantes).

Análise de séries temporais:

- **Previsão de séries cronológicas:** Explorar a utilização de métodos estatísticos na análise de séries cronológicas, incluindo modelos de média móvel integrada autoregressiva (ARIMA) e decomposição sazonal de séries cronológicas (STL) para previsão de valores futuros.

- **Deteção de Anomalias:** Discutir como as técnicas estatísticas são empregadas para detetar anomalias ou outliers em dados de séries temporais, identificando padrões ou eventos incomuns.

Análise de grandes volumes de dados:

- **Técnicas de amostragem:** Discutir o papel das técnicas de amostragem estatística na análise de grandes volumes de dados, em que pode ser computacionalmente dispendioso ou impraticável analisar conjuntos de dados completos.

• **Computação paralela:** Explore como os algoritmos estatísticos são optimizados para a computação paralela, permitindo o processamento eficiente de grandes conjuntos de dados em ambientes de computação distribuída.

Considerações éticas:

• **Preconceito e equidade:** Discutir as considerações éticas na ciência dos dados, incluindo o potencial de enviesamento em algoritmos e modelos estatísticos. Sublinhar a importância da equidade e da transparência nos processos de tomada de decisão.

Aplicações nos negócios e na indústria:

• **Análise de clientes:** Ilustrar como a ciência dos dados e as estatísticas são utilizadas para segmentação de clientes, previsão de churn e estratégias de marketing personalizadas.

• **Otimização da cadeia de fornecimento:** Discutir aplicações na otimização das operações da cadeia de fornecimento através de análise preditiva, previsão da procura e gestão de inventário.

Significado educativo:

• **Aplicação prática de conceitos estatísticos:** Salientar o significado educativo da aplicação de conceitos estatísticos em cenários de ciência de dados do mundo real. Discuta como os alunos ganham experiência prática na extração de conhecimentos significativos de diversos conjuntos de dados.

Ao explorar as aplicações da estatística na ciência dos dados, esta secção realça a natureza interdisciplinar dos métodos estatísticos na extração de conhecimentos úteis de conjuntos de dados grandes e complexos. A integração de técnicas estatísticas com ferramentas computacionais avançadas constitui a espinha dorsal das práticas modernas da ciência dos dados.

Capítulo 7: O mundo da teoria dos números e mais além

7.1 Números primos: Desvendando a pureza matemática

Esta secção explora o fascinante mundo dos números primos, entidades fundamentais na teoria dos números com propriedades únicas e profundas.

Definição e propriedades básicas:

- **Definição:** Definir números primos como números naturais maiores que 1 que não têm divisores positivos para além de 1 e deles próprios. Salientar que os números primos são indivisíveis, formando os blocos de construção de todos os números inteiros positivos.

- **Exemplos:** Dar exemplos de números primos, como 2, 3, 5, 7, e discutir o seu papel na hierarquia numérica.

Teorema Fundamental da Aritmética:

- **Factorização única:** Introduzir o Teorema Fundamental da Aritmética, afirmando que todo o número inteiro positivo maior que 1 pode ser expresso de forma única como um produto de números primos, até à ordem dos factores.

- **Implicações:** Discutir o significado da factorização única na compreensão da estrutura dos números inteiros e as suas aplicações em várias provas matemáticas.

Distribuição de primos:

- **Infinitude de números primos:** Explorar a prova de Euclides sobre a infinitude dos números primos, demonstrando que existem infinitamente muitos primos.

- **Teorema dos números primos:** Apresentar o Teorema dos Números Primos, que descreve a distribuição assintótica dos números primos entre os números inteiros positivos.

Conjetura de Goldbach e primos gémeos:

- **Conjetura de Goldbach:** Apresentar a Conjetura de Goldbach, que afirma que todo o número inteiro par maior que 2 pode ser expresso como a soma de dois números primos.

- **Primos gémeos:** Definir primos gémeos como pares de primos que diferem por 2 (por exemplo, 11 e 13, ou 17 e 19). Discutir a conjetura dos primos gémeos, que sugere a existência de um número infinito de primos gémeos.

Aplicações em criptografia:

- **Teste de primalidade:** Discutir o papel dos números primos na criptografia, particularmente na geração de chaves criptográficas seguras. Introduzir algoritmos de teste de primalidade.

•	**Algoritmo RSA:** Explicar brevemente como o algoritmo de encriptação RSA se baseia na dificuldade de fatorizar grandes números compostos nos seus componentes primos.

Lacunas entre primos:

•	**Intervalos entre primos: Explorar** a distribuição de números primos e a existência de intervalos de primos, que são intervalos entre primos consecutivos. Discutir a conjetura dos primos gémeos como um exemplo específico de intervalos de primos.

Factorização de curvas elípticas:

•	**Método da Curva Elíptica:** Introduzir o método de factorização da curva elíptica, um algoritmo moderno utilizado para faturar números grandes nos seus constituintes primos.

Problemas em aberto e questões por resolver:

•	**Hipótese de Riemann:** Mencionar a Hipótese de Riemann, um famoso problema não resolvido relacionado com a distribuição dos números primos.

•	**Existência de números perfeitos ímpares:** Discutir a questão em aberto da existência de números perfeitos ímpares e a sua relação com as propriedades dos números primos.

Significado educativo:

•	**Exploração da teoria dos números:** Salientar o significado educativo do estudo dos números primos na promoção da curiosidade e exploração da teoria dos números. Discutir como os números primos constituem uma área rica e cativante de investigação matemática.

Ao mergulhar nos números primos, esta secção oferece um vislumbre da beleza e profundidade da teoria dos números, mostrando as características e aplicações únicas destas entidades matemáticas fundamentais. A exploração de problemas em aberto também realça a procura contínua de uma compreensão mais profunda no domínio dos números primos.

7.2 Aritmética modular: Aritmética de relógio e mais além

Esta secção explora o fascinante domínio da aritmética modular, uma estrutura matemática que lida com restos e padrões cíclicos, encontrando aplicações em diversos campos.

Definição e conceitos básicos:

- **Congruência modular:** Definir aritmética modular como o estudo de números que "se enrolam" depois de atingir um determinado valor. Introduzir o conceito de congruência modular (mod) a$\equiv$ b (*modm*), em que dois números *a* e *b* têm o mesmo resto quando divididos por *m*.

- **Operação de módulo:** Explicar a operação de módulo (*modm*), denotada pelo resto da divisão de um número por *m*.

Padrões cíclicos e aritmética de relógio:

- **Analogia da aritmética do relógio:** Ilustrar a aritmética modular utilizando a analogia de um relógio, onde as horas se repetem a cada 12 horas (ou módulo 12). Discuta como este conceito se estende a outros cenários de aritmética modular.

- **Padrões cíclicos:** Explorar os padrões cíclicos que surgem na aritmética modular, enfatizando a natureza periódica dos restos.

Adição e subtração na aritmética modular:

- **Adição modular:** Introduzir a adição e a subtração modulares, enfatizando a ideia de "envolver" quando o resultado excede o módulo escolhido.

- **Propriedades da Aritmética Modular:** Discutir as propriedades da aritmética modular, incluindo o fecho sob adição e subtração.

Multiplicação e exponenciação:

- **Multiplicação modular:** Definir multiplicação modular e explorar as suas propriedades. Discutir como o produto de dois números no módulo *m* é equivalente ao produto dos seus resíduos no módulo *m*.

- **Exponenciação modular:** Estender a aritmética modular à exponenciação, discutindo algoritmos eficientes como a exponenciação por quadratura num contexto modular.

Inversões modulares e divisão:

- **Inversa modular:** Definir a inversa modular e discutir a sua existência para números que são coprimos do módulo. Explorar o Algoritmo Euclidiano Estendido para encontrar inversas modulares.

- **Divisão modular:** Introduzir o conceito de divisão modular e discutir como ele se relaciona com os inversos modulares.

Aplicações em criptografia:

- **Criptografia de chave pública:** Discutir a aplicação da aritmética modular em algoritmos de criptografia de chave pública, como o RSA. Salientar como a dificuldade de certas operações de aritmética modular constitui a base da segurança criptográfica.

- **Troca de chaves Diffie-Hellman:** Introduzir o protocolo de troca de chaves Diffie-Hellman, mostrando como a aritmética modular permite a troca segura de chaves através de canais inseguros.

Teorema do resto chinês:

- **Teorema do resto chinês (CRT):** Apresentar o CRT como um teorema em aritmética modular que fornece uma solução para um sistema de congruências simultâneas. Discutir as suas aplicações na teoria dos números e na criptografia.

Classes de resíduos e anéis:

- **Classes de resíduos:** Definir classes de resíduos como as classes de equivalência formadas por números congruentes módulo m. Discutir como elas formam uma partição dos inteiros.

- **Anéis modulares:** Introduzir o conceito de anéis modulares, enfatizando a estrutura algébrica formada por inteiros módulo m sob adição e multiplicação modular.

Significado educativo:

- **Pensamento abstrato e resolução de problemas:** Salientar o significado educativo da aritmética modular na promoção do pensamento abstrato e da capacidade de resolução de problemas. Discutir como os alunos adquirem uma compreensão mais profunda das estruturas numéricas para além da aritmética padrão.

Ao explorar a aritmética modular, esta secção abre a porta a um reino de abstração matemática, fornecendo informações sobre padrões cíclicos, protocolos criptográficos e estruturas algébricas. A analogia da aritmética do relógio serve como ponto de entrada intuitivo para a compreensão dos conceitos fundamentais da aritmética modular.

7.3 Criptografia: Proteção da informação através da matemática

Esta secção mergulha no fascinante mundo da criptografia, a arte e a ciência de proteger a comunicação e a informação através de técnicas matemáticas.

Introdução à criptografia:

- **Definição:** Definir criptografia como a prática e o estudo de técnicas para proteger comunicações e dados contra adversários.

- **Confidencialidade, integridade e autenticação:** Discutir os principais objectivos da criptografia, incluindo garantir a confidencialidade (proteger a informação contra o acesso não autorizado), a integridade (garantir que os dados não são adulterados) e a autenticação (verificar a identidade das partes envolvidas).

Panorama histórico:

- **Criptografia antiga:** Explorar brevemente métodos históricos de criptografia, incluindo cifras de substituição e cifras de transposição usadas em civilizações antigas.

- **Máquinas de cifra:** Discutir a evolução das técnicas criptográficas, incluindo a utilização de máquinas de cifra mecânicas como a máquina Enigma durante a Segunda Guerra Mundial.

Criptografia moderna:

- **Criptografia simétrica vs. assimétrica**: Introduzir a distinção entre criptografia de chave simétrica, em que a mesma chave é utilizada tanto para a cifragem como para a decifragem, e criptografia de chave assimétrica, em que são utilizadas chaves diferentes para estas operações.

- **Gestão de chaves:** Discutir os desafios e a importância da gestão de chaves em sistemas criptográficos.

Criptografia de chave simétrica:

- **Cifras de bloco e cifras de fluxo:** Definir cifras de bloco e cifras de fluxo como dois tipos fundamentais de criptografia de chave simétrica. Discutir a sua utilização na encriptação de dados ao nível do bloco ou do bit.

- **Norma de encriptação de dados (DES) e Norma de encriptação avançada (AES):** Explorar normas de encriptação de chave simétrica históricas e modernas, incluindo DES e AES.

Criptografia de chave assimétrica:

- **Infraestrutura de chave pública (PKI):** Introduzir o conceito de criptografia de chave pública, em que cada participante tem um par de chaves (pública e privada). Discutir a utilização da infraestrutura de chave pública na gestão e distribuição de chaves públicas.

- **Algoritmo RSA:** Explicar o algoritmo RSA como um sistema de criptografia de chave pública amplamente utilizado, baseado na dificuldade de fatorizar grandes números compostos.

Funções de hash e assinaturas digitais:

- **Funções de hash:** Definir funções de hash como funções matemáticas que mapeiam dados de tamanho arbitrário para um valor de hash de tamanho fixo. Discuta seu papel na garantia da integridade dos dados.

- **Assinaturas digitais:** Explorar as assinaturas digitais como forma de autenticar a origem e a integridade das mensagens digitais, utilizando criptografia de chave assimétrica.

Protocolos criptográficos:

- **SSL/TLS para uma comunicação segura:** Discutir a utilização de protocolos criptográficos como o SSL/TLS para proteger a comunicação através da Internet, garantindo a confidencialidade e a integridade.

- **IPsec para segurança de rede:** Introduzir o IPsec como um conjunto de protocolos para proteger as comunicações de protocolo da Internet, autenticando e encriptando cada pacote IP.

Criptografia quântica:

*   **Distribuição de chaves quânticas (QKD):** Introduzir brevemente o conceito de criptografia quântica, centrando-se na QKD como um método de troca segura de chaves utilizando propriedades quânticas.

Criptanálise e quebra de código:

*   **Técnicas de criptanálise:** Discutir técnicas comuns de criptoanálise, incluindo análise de frequência, ataques de força bruta e criptoanálise diferencial.

*   **Princípio de Kerckhoffs:** Introduzir o princípio de Kerckhoffs, salientando que a segurança de um sistema criptográfico não deve depender de manter o algoritmo secreto, mas sim de manter a chave secreta.

Considerações éticas:

*   **Privacidade e liberdades civis:** Discutir as considerações éticas em criptografia, enfatizando o equilíbrio entre privacidade e segurança, e o impacto sobre as liberdades civis.

Significado educativo:

*   **Fundamentos matemáticos:** Salientar o significado educativo da criptografia no reforço dos conceitos matemáticos, particularmente na teoria dos números e na álgebra abstrata. Discutir como os princípios criptográficos se baseiam no rigor matemático.

Ao explorar a criptografia, esta secção fornece informações sobre os fundamentos matemáticos da comunicação segura. Desde as cifras antigas até aos protocolos criptográficos modernos, a criptografia desempenha um papel crucial na proteção da informação num mundo digital interligado.

7.4 Equações Diofantinas: Desvendando soluções inteiras

Esta secção mergulha no mundo das equações diofantinas, cujo nome deriva do nome do antigo matemático Diophantus, centrando-se nas equações que procuram soluções inteiras.

Definição e origem:

- **Equações Diofantinas:** Definir equações diofantinas como equações polinomiais em que as soluções são restritas a números inteiros. Introduzir o contexto histórico de Diofanto, um matemático grego antigo conhecido como o "pai da álgebra", que estudou extensivamente tais equações.

Equações Diofantinas Lineares:

- **Forma Geral:** Apresentar a forma geral das equações diofantinas lineares, $ax + by = c$, em que a, b e c são números inteiros e x e y são as variáveis que procuram soluções inteiras.

- **Existência de soluções:** Discutir condições para a existência de soluções, focando particularmente o caso em que a e b são coprimos (não têm factores comuns para além de 1).

Algoritmo Euclidiano Alargado:

- **Visão geral do algoritmo:** Apresentar o Algoritmo Euclidiano Estendido como uma ferramenta poderosa para encontrar soluções para equações diofantinas lineares. Enfatizar sua aplicação para encontrar o maior divisor comum (GCD) e expressá-lo como uma combinação linear dos números inteiros dados.

Aplicações em teoria dos números:

- **Identidade de Bezout:** Discutir a Identidade de Bezout, um resultado fundamental relacionado com equações diofantinas lineares, afirmando que, para qualquer par de inteiros a e b, existem inteiros x e y tais que $ax + by = gcd\,(a, b)$.

- **Congruências e Aritmética Modular: Explorar** a ligação entre as equações diofantinas e a aritmética modular, mostrando como as técnicas da aritmética modular são frequentemente aplicadas para resolver estas equações.

O último teorema de Fermat:

- **Contexto histórico:** Mencionar brevemente o Último Teorema de Fermat, um dos problemas mais famosos da teoria dos números, que trata da não existência de soluções inteiras para

$$x^n + y^n = z^n \text{ for } n > 2.$$

Salientar a busca de séculos para provar este teorema.

Equações Diofantinas Quadráticas:

- **Forma geral:** Estender a discussão para equações Diofantinas quadráticas, onde o highest degree of the variables is 2. Explore examples such as $ax^2 + by^2 = c$ and $ax^2 + bxy + cy^2 = d$.

Equação de Pell: Introduzir a Equação de Pell como uma equação Diofantina quadrática específica equation, $x^2 - Dy^2 = 1$, where D is a nonsquare positive integer.

Aplicações em criptografia:

- **Criptossistema de Rabin:** Mencionar brevemente o criptossistema de Rabin, um algoritmo de encriptação de chave assimétrica baseado na dificuldade de faturar grandes números compostos, o que envolve a resolução de certas equações diofantinas quadráticas.

Significado educativo:

- **Capacidade de resolução de problemas:** Salientar o significado educativo das equações diofantinas no desenvolvimento de competências de resolução de problemas, particularmente no contexto de encontrar soluções inteiras para equações polinomiais. Discutir como estas equações constituem uma ponte entre a álgebra e a teoria dos números.

Ao explorar as equações diofantinas, esta secção apresenta a beleza e os desafios da procura de soluções inteiras no domínio da álgebra e da teoria dos números. O significado histórico e as aplicações em criptografia sublinham a relevância duradoura destas equações em vários contextos matemáticos.

Conclusão: Uma Odisseia Matemática

Ao concluirmos a nossa viagem pelas diversas paisagens da matemática, encontramo-nos imersos na beleza, utilidade e natureza profunda desta disciplina. Desde os domínios abstractos da teoria dos números até às aplicações práticas da criptografia e da ciência dos dados, cada capítulo revelou uma faceta diferente do universo matemático.

A nossa exploração começou com a natureza inerente da matemática, revelando o seu carácter duplo de beleza abstrata e utilidade concreta. O panorama histórico traçou a evolução do pensamento matemático, mostrando as contribuições das civilizações antigas e o desenvolvimento contínuo das ideias matemáticas na era moderna.

À medida que mergulhamos nos fundamentos do pensamento matemático, os números e as operações aritméticas formaram os blocos de construção, levando-nos a expressões algébricas, equações e à poderosa técnica da indução matemática. A teoria dos conjuntos e a lógica lançaram as bases para um raciocínio matemático rigoroso, preparando-nos para as explorações mais profundas que se seguiram.

As explorações geométricas e trigonométricas levaram-nos numa viagem visual através das geometrias euclidiana e não euclidiana, da geometria analítica e do intrincado mundo das funções trigonométricas. As aplicações do mundo real realçaram o significado prático destes conceitos geométricos e trigonométricos em diversos domínios.

A jornada de cálculo proporcionou uma exploração dinâmica de limites, continuidade, diferenciação e integração. As aplicações práticas demonstraram como o cálculo serve de ferramenta fundamental para compreender e modelar fenómenos do mundo real, desde o movimento à mudança em várias disciplinas científicas.

As aventuras da álgebra linear equiparam-nos com a linguagem dos vectores, matrizes e valores próprios, mostrando a versatilidade da álgebra linear na resolução de sistemas de equações e as suas aplicações na ciência e na engenharia.

As inferências estatísticas e os domínios da probabilidade levaram-nos ao reino da incerteza, explorando a teoria da probabilidade, a estatística descritiva e inferencial e as suas aplicações na ciência dos dados. Este capítulo sublinhou o papel da estatística na obtenção de conclusões significativas a partir dos dados.

O mundo da teoria dos números e não só desvendou os mistérios dos números primos, da aritmética modular e das suas aplicações na criptografia. As equações diofantinas ofereceram um vislumbre dos desafios e da beleza da procura de soluções inteiras para equações polinomiais, fazendo a ponte entre a álgebra e a teoria dos números.

No domínio da criptografia, descobrimos a arte e a ciência de proteger a informação através de princípios matemáticos. Da criptografia de chave simétrica à criptografia de chave assimétrica, funções de hash e assinaturas digitais, explorámos como os conceitos matemáticos formam a espinha dorsal da comunicação segura na era digital.

À medida que a nossa odisseia matemática chega ao fim, reconhecemos que a matemática é mais do que uma simples coleção de teoremas e fórmulas. É um campo dinâmico e em evolução que não só descreve o mundo à nossa volta, como também nos permite resolver problemas complexos, tomar decisões informadas e apreciar a elegância inerente às suas estruturas.

Esta viagem pelas diversas paisagens da matemática tem como objetivo inspirar a curiosidade, promover a capacidade de resolução de problemas e realçar a natureza interdisciplinar do conhecimento matemático. Quer se trate de contemplar a elegância dos números primos, de resolver problemas do mundo real através do cálculo ou de proteger informações através de princípios criptográficos, o fio condutor é o poder do pensamento matemático.

Ao concluirmos esta odisseia matemática, que a beleza e a utilidade da matemática continuem a revelar-se nas mentes dos leitores, despertando uma apreciação ao longo da vida pelas infinitas possibilidades que esta disciplina oferece. A matemática, com a sua precisão e abstração, é um testemunho do engenho humano e da exploração sem limites do desconhecido.

Referências

Voloshinov AV. Matemática e Arte: 2ª Edição, Revisada e Suplementada. Moscovo: Prosveshchenie; 2000

Varga B, Yu D, Lazaris E. Language, Music, Mathematics. Per s Wenger. Moscovo: Mir; 1981 Tarasov LV. This Amazingly Symmetrical World. Moscovo: Prosveshchenie; 1988. p. 176 Poincare H. Sobre a Ciência. Moscovo: Nauka; 1990

Boltyansky VG. Cultura matemática e estética. Matemática na Escola. 1982;2:40-43 Birkhof G. Mathematics and Psychology. Moscovo: Sov. Radio; 1977

Sarantsev GI. Motivação estética no ensino da matemática. Saransk: PO RAO: Instituto pedagógico de Mordovia; 2003. p. 136

Weyl H. Symmetry (Simetria). Nauka. Glavnaya Redaktsiya Fiz-mat. Literatury: Moscovo; 1968. p. 192

Smarandache F. Neutrosofia/neutrosofia da probabilidade, dos conjuntos e da lógica. Rehoboth: American Research Press; 1998

Robinson A. Non-standard Analysis. Princeton, NJ: Princeton University Press; 1996

Tabakova YV, Voloshin AV. Caos antigo e moderno. Man. 2018;4:49-65

Mandelbrot B. Geometria Fractal da Natureza. Moscovo: Instituto de Investigação Informática; 2002. p. 656

Voloshinov AV, Shingle SV. Harmonia-simetria-beleza. Man. 2017;4:81-93

Smirnov EI, Sekovanov VS, Mironkin DP. Aumento da motivação educacional das crianças em idade escolar no processo de domínio dos conceitos de conjuntos auto-similares e fractais com base no princípio do financiamento. Boletim Pedagógico de Yaroslavl. 2015;3:37-42

Testov VA. A beleza na educação matemática: Visão sinergética do mundo. Educação e Ciência. 2019;21(2):9-26. DOI: 10.17853/1994-5639-2019-2-9-26

I want morebooks!

Buy your books fast and straightforward online - at one of world's fastest growing online book stores! Environmentally sound due to Print-on-Demand technologies.

Buy your books online at
www.morebooks.shop

Compre os seus livros mais rápido e diretamente na internet, em uma das livrarias on-line com o maior crescimento no mundo! Produção que protege o meio ambiente através das tecnologias de impressão sob demanda.

Compre os seus livros on-line em
www.morebooks.shop

Printed by Books on Demand GmbH, Norderstedt / Germany